Bibliografische Information der Deutschen Nationalbibliothek:

Die Deutsche Bibliothek verzeichnet diese Publikation in der Deutschen National-
bibliografie; detaillierte bibliografische Daten sind im Internet über http://dnb.d-
nb.de/ abrufbar.

Impressum:

Copyright © 2006 GRIN Verlag, Open Publishing GmbH
Druck und Bindung: Books on Demand GmbH, Norderstedt Germany
ISBN: 9783656661771

Dieses Buch bei GRIN:

http://www.grin.com/de/e-book/60627/allgemeines-schulpraktikum-an-einer-real-
schule

Sabine Smidt

Allgemeines Schulpraktikum an einer Realschule

GRIN Verlag

GRIN - Your knowledge has value

Der GRIN Verlag publiziert seit 1998 wissenschaftliche Arbeiten von Studenten, Hochschullehrern und anderen Akademikern als eBook und gedrucktes Buch. Die Verlagswebsite www.grin.com ist die ideale Plattform zur Veröffentlichung von Hausarbeiten, Abschlussarbeiten, wissenschaftlichen Aufsätzen, Dissertationen und Fachbüchern.

Besuchen Sie uns im Internet:

http://www.grin.com/

http://www.facebook.com/grincom

http://www.twitter.com/grin_com

Hochschule Vechta

Zentrum für allgemeine Berufspraxis

Wintersemester 05/06

PRAKTIKUMSBERICHT

Allgemeines Schulpraktikum (ASP)

Telefon: xxx

Inhaltsverzeichnis

1. Die RS xxxschule

1.1 Schulort

Leer ist eine Stadt in Ostfriesland im Landkreis Leer in Niedersachsen (Deutschland). Der Landkreis Leer liegt im südlichen Teil Ostfrieslands. Er stößt im Westen an die Niederlande und den Dollart, im Norden. Weiterhin wird er vom Auricher-, im Osten vom Oldenburger- und im Süden vom Emsland begrenzt. Im Kreisgebiet leben rund 162.000 Einwohner und es umfasst eine Fläche von 1.100 Quadratkilometern. Die Hafenstadt Leer mit rund 34.000 Einwohnern ist das Verwaltungszentrum des Landkreises.[1]

Der Leeraner Stadtteil Loga liegt im Osten der Stadt Leer und gehört zu den größeren Stadtteilen. Dort befindet sich auch die seit dem Schuljahr 2004/2005 bestehende Realschule „xxxschule", die zuvor eine Orientierungsstufe war. Für eine Stadt dieser Größenordnung verfügt Leer über eine außergewöhnliche Anzahl an sehenswerten Parks und darüber hinaus über reizvolle Landschaften im Stadtrandbereich. Viele dieser Grünflächen befinden sich in unmittelbarer Nähe der xxxschule, zum Beispiel der Phillipsburger Park (50 Meter), der Julianenpark (500 Meter) und der Schlosspark der Evenburg (1,5 km). Sie eignen sich ideal für Waldexkursionen. Als außerschulischer Lernstandort wird auch der ca. 3 km lange LEER-Pfad der Stadt von Schulen, insbesondere der xxxschule, besonders gerne genutzt. Die Themen finden in den unterschiedlichsten Unterrichtsfächern Anklang. Zurzeit befinden sich insgesamt 11 LEER-Pfad-Stationen in der Leeraner Innenstadt, welche nach dem Motto „Staunen - Begreifen - Nachahmen" aufgebaut sind. Sie sollen den Schülern Informationen über die Natur vermitteln und Handlungsimpulse für eine umweltfreundliche Zukunft auslösen. Des Weiteren liegt im Zentrum der Stadt ein Hallen- und Freibad, welches regelmäßig für den Sportunterricht der Realschule genutzt wird.

Einzugsbereich der xxxschule ist das Gebiet der Grundschulen Logabirum, Loga (Daalerschule) und Heisfelde (Eichenwallschule) für das Gebiet östlich der Bahnlinie Münster/Norddeich.[2] Die Schule liegt in einem gut situierten Stadtteil, in dem viele Ärzte und Lehrer wohnen. Die Quote der Nichtmuttersprachler fällt in diesem Gebiet und demnach auch an der xxxschule sehr niedrig aus. Ebenso bleibt der Anteil der Busfahrschüler gering. Für die Vielzahl der Fahrradfahrer steht

---

[1] http://www.landkreis-leer.de/
[2] http://www.presse-service.de/static/57/570765.html

3

jedem einzelnen Schüler ein fester Platz im Fahrradstand zur Verfügung. Um die Sicherheit der Kinder und Jugendlichen zu bewahren, werden die verschiedenen Schulwege mit ihren Gefahrenstellen im Unterricht Jugendlichen durchgesprochen. Im Laufe der Schulzeit erhält jede Klasse zusätzlich Besuch von der Verkehrs- und Bahnpolizei, die die Fahrräder der Schüler kontrollieren und deren Kenntnisse der Verkehrsregeln auffrischen.[3]

1.2 Die xxxschule/ Rahmenbedingungen

Schulträger der xxxschule ist der Landkreis Leer im norddeutschen Bundesland Niedersachsen. Schulleiter ist Realschulrektor xxx. Vertreten wird er von der Realschulkonrektorin xxx. Beide sind neben den Rektor- bzw. Konrektoraufgaben zusätzlich als aktive Lehrkräfte tätig und gehören neben der Sekretärin und dem Hausmeister zu den wichtigsten Personen der Schule. Insgesamt zählt die Realschule im Schuljahr 2005/2006 242 Schülerinnen und Schüler und 21 Lehrerinnen und Lehrer, sowie eine Referendarin. Der Altersdurchschnitt des Lehrerkollegiums liegt bei 55 bis 60 Jahren. Nur vier Lehrer sind im Alter zwischen 20 und 45 Jahren. Grund dafür ist die Umstrukturierung der Orientierungsstufe zu einer Realschule. Viele junge Gymnasiallehrer haben sich bei diesem Wechsel für eine andere Schulform entschieden, so dass daraus der nun existierende hohe Altersdurchschnitt resultierte. Für das Sekretariat ist die Sekretärin, Frau xxx, und für das Hausmanagement der Hausmeister, Herr xxx, zuständig. Bei Problemen der Schüler können sie sich an den Vertrauenslehrer, Herrn xxx, oder den Beratungslehrer, Herrn xxx, wenden.

Mein Mentor ist der 49 jährige Herr xxx, der an der xxxschule die Fächer Englisch, Religion, Kunst und Musik unterrichtet. Um auch einen Einblick in mein Studienfach Mathematik zu erhalten, habe ich einen zweiten Mentor, Herrn xxx, 54 Jahre alt, zugeteilt bekommen. Zur Zeit des Praktikums befinden sich insgesamt fünf Praktikanten an der Schule. Drei von ihnen leisten ihr Fachpraktikum ab und kommen von der Universität Oldenburg. Der Praktikan xxx und ich werden zusammen von den o.g. Mentoren betreut, da wir beide an der Hochschule Vechta studieren und das Fach Mathematik belegen.

Die folgende Tabelle zeigt die Anzahl der Klassen in den entsprechenden Jahrgängen:[4]

Klasse 5:	2

---

[3] In dem gesamten Praktikumsbericht sind mit den Begriffen Schüler und Lehrer, auch die weiblichen Geschlechter, wie Schülerinnen und Lehrerinnen, gemeint.
[4] http://nibis.ni.schule.de/~moerken/klassen.htm

Klasse 6:	3
Klasse 7:	3
Klasse 8:	2
Klasse 9:	Folgt im Sommer 2006
Klasse 10:	Folgt im Sommer 2007

Für die entsprechenden Klassen werden folgende Fächer durch die Lehrkräfte der xxxschule unterrichtet: Arbeit/Wirtschaft, Deutsch, Französisch, Niederländisch, Plattdeutsch, Erdkunde, Geschichte, Informatik (Informations- und Kommunikationstechnologien), Musik, Naturwissenschaften (Mathematik, Biologie, Physik), textiles Gestalten, Werken, Kunst, Werte und Normen, Religion und Sport.

Im Nachmittagsunterricht finden zusätzlich AGs und Wahlpflichtkurse statt, wie z. B. Gitarren-AG, Tastaturkurs-AG, Theater-AG, Kunst-AG, Cello-AG, Schulband – „Let's fetz", Chor-AG, Fußball-AG, AG Kajak (teilweise im Kanuclub), AG Lauftraining, Gitarrenunterricht, Methodentraining, Streitschlichter-AG, Sport und WPK Hauswirtschaft. Wenn die Schüler Schwierigkeiten bei der Anfertigung von Hausaufgaben haben, steht ihnen täglich eine Hausaufgabenhilfe, die von einer Lehrkraft betreut wird, zur Verfügung. Um die Schüler auf die informations- und kommunikationstechnologisch geleitete Zukunft vorzubereiten, müssen sie ab der Klasse 6 einen Informatik-Grundkurs belegen, in dem einfache Computerkenntnisse vermittelt werden. In Klasse 8 und 9 folgen dann die Excel- und Powerpoint-Grundkurse.

Für die Integration der geringen Anzahl der Nichtmuttersprachler finden in Abstimmung mit den Eltern der jeweiligen Schüler Einzelförderunterrichtsstunden und Kooperationen der verschiedenen Mitbürger untereinander statt.

Ziel dieser zusätzlichen und zum Teil freiwilligen Angebote ist die Stärkung der Persönlichkeit und des Selbstbewusstseins der Kinder und die Weiterentwicklung ihrer visuellen, auditiven und psychomotorischen Fähigkeiten. Außerdem soll es ihnen ermöglicht werden, individuelle Schwerpunkte in ihrem Freizeitbereich zu bilden, die keiner Gebührenpflicht unterliegen.

Die xxxschule arbeitet mit der RS xxx zusammen, da dort ein einzügiges System (eine Klasse pro Jahrgang) besteht und sich zum Vergleich der Arbeitsweise der Schüler als auch der Lehrer, die Parallelklassen der xxxschule eignen. Die Realschule ist zurzeit keine Ganztagsschule, dieses soll aber in den nächsten Jahren noch folgen. Die Schüler der 5. Klassen erhalten 29 Unterrichtsstunden pro Woche und die höheren Klassen 30.

1.3 Schulkonzept (Leitvorstellungen)

Die Schulordnung der RS xxxschule weist die Schüler darauf hin, dass ein angenehmes Schulklima nur durch die Hilfsbereitschaft, Rücksichtsnahme und Ordnung jedes einzelnen Schülers erreicht werden kann. Um diesen Anforderungen gerecht zu werden, haben sie bestimmten Verhaltensregeln, die sich auf das Benehmen auf dem Schulgelände, sowie im Schulgebäude und in den Pausen beziehen, Folge zu leisten. Das Mitbringen von Waffen o.ä. ist untersagt. Die RS xxxschule legt viel Wert auf außerunterrichtliche schulische Aktionen. Dazu gehören u.a. die Teilnahme an Lesewettbewerben, Veranstaltung von Basaren, deren Erlöse in die Klassenkasse eingezahlt werden, um Klassenausflüge zu vergünstigen, sowie Spiel- und Sportfeste. Schüleraustausche mit Partnerschule sind noch im Aufbau.

1.3.1 Eigenverantwortliche Schule

Seit dem vergangenen Jahr ist die xxxschule die einzige Einrichtung im Landkreis Leer, die an dem Modellversuch „Eigenverantwortliche Schule" teilnimmt. Der Zweck dieses Konzeptes ist, dass die Lehrerschaft eigenverantwortlich arbeitet, d.h. die Pädagogik steht so im Vordergrund, dass die Lehrer selber entscheiden sollen, wie sie guten Unterricht machen und wie sie das Schulleben gestalten. Sie kümmern sich um Fragen, die eine bessere Kommunikation mit den Eltern betreffen, das Wir-Gefühl an der Schule stärken, wie sich Räume besser ausstatten lassen oder wie Leistungsbewertungen transparenter gemacht werden können.

1.3.2 Gewaltprävention: „Sign-Projekt"

Neben der Kooperation mit der Polizei (Gewaltprävention und Verkehrserziehung) und dem Bundesgrenzschutz (die Nähe der Bahnanlagen gibt stets Grund zur Achtsamkeit), legt die xxxschule sehr viel Wert auf Selbstbehauptungstraining und die Arbeit mit Streitschlichtern. Das Sign-Projekt vervollständigt nun das Gewaltpräventionsprogramm der Realschule.

Die Förderung der Lebenskompetenz junger Menschen steht bei der Arbeit von Sign im Vordergrund. Dabei soll jeder Schüler seine eigenen Stärken und Schwächen analysieren, denn wenn man sich über diese Eigenschaften im Klaren ist, kann man besser mit Emotionen umgehen. Dieses Lebenskompetenztraining geht somit auf die individuellen Charaktere der Schüler ein und zeigt ihnen alternative Handlungsmöglichkeiten, um sie auf ein Leben ohne

Sucht und Gewalt in der Gesellschaft vorzubereiten. Dieses Projekt kann in viele Unterrichtsfächer und Lebensbereiche einfließen.

Sign arbeitet schulformübergreifend ab Klasse 5 und begleitet die Schülerinnen und Schüler bis zur 10. Klasse. Die Projektarbeit ist in einzelne Themenschwerpunkte für die einzelnen Klassenstufen ausgerichtet, die dem Entwicklungsstand der Schüler, sowie den jeweiligen Rahmenrichtlinien des Unterrichts entsprechen.

Die aufeinander aufbauenden Themenschwerpunkte sind für Klasse 5-7 soziales Lernen als fester Baustein im Unterricht (Förderung der Klassengemeinschaft), für Klasse 8 Sucht, Klasse 9 Freundschaft, Liebe, Sexualität und für Klasse 10 Zukunft und Perspektive. [5]

1.3.3 Projekt: „eTwinning"

Das Projekt „eTwinning" fördert europäische Schulpartnerschaften, die über das Internet geknüpft werden. „e" steht dabei für elektronisch und „Twinning" für Partnerschaft. Lehrerinnen und Lehrer aller Schulformen, -fächer und Jahrgangsstufen können sich mit ihrer Klasse hieran beteiligen und den Kontakt per Internet zu bereits bestehenden Partnerschulen vertiefen oder suchen sich neue, passende Schulen in den 28 teilnehmenden Ländern Europas, aus. Die Arbeitsergebnisse der Zusammenarbeit werden auf einer gemeinsamen Webseite präsentiert. So lassen sich Fremdsprachenerwerb, Medieneinsatz und interkultureller Dialog lebendig miteinander verbinden. [6] Die xxx arbeitet zurzeit mit einer Partnerschule in Polen zusammen.

2. Praktikumsklasse

2.1 Zusammensetzung / Leistungsstand der Klasse 5 b

Die Klasse 5b der Realschule besteht seit dem Beginn des Schuljahres 2005/2006. In der Klasse befinden sich Schüler aus drei verschiedenen Grundschulen und zwei Wiederholern der xxxschule. Insgesamt zählt die Klasse 25 Schüler, davon sind 13 Jungen und 12 Mädchen. Das Alter der Schüler liegt zwischen 10 und 12 Jahren. Von diesen 25 Schülern weisen 2 Schülerinnen und eine Schüler eine ausländische Herkunft auf. Die Mädchen stammen beide aus Russland und der Junge hat Eltern irländischer Herkunft. Alle drei Schüler sind in Deutschland geboren worden und haben hier in Deutschland engen Kontakt zu deutschen Kindern und weisen demzufolge auch keine Sprachprobleme auf.

---

[5]   http://www.sign-project.de/9_36.php
[6]   http://www.etwinning.de/etwinning/index.php

Die Klasse ist eine ansprechende und hilfsbereite Lerngruppe. Die meisten Schüler beteiligen sich aktiv am Unterricht. Dennoch ist die Zusammenarbeit mit der Klasse für die Lehrer nicht immer ganz einfach. Der Grund dafür liegt in den unterschiedlichen Leistungsniveaus. Am Anfang des Schuljahres war der Anteil der Schüler mit Gymnasial- und Realschulempfehlungen im Vergleich zu den Kindern mit Hauptschulempfehlungen sehr hoch, so dass ein gutes „Realschulniveau" gehalten werden konnte.[7] Mittlerweile haben viele Kinder zum Gymnasium gewechselt und zwei Wiederholer sind hinzugekommen, so dass fast die Hälfte der Schüler der Klasse 5b Hauptschulempfehlungen haben. Durch die unterschiedlichen Lernbedingungen kommt es bei den Lehrenden zu einem Konflikt. Denn zum einen müssen sie, um den Anforderungen einer Realschule und auch den Schülern mit einem höheren Leistungsprofil gerecht zu werden, den Unterricht nach den Richtlinien einer Realschule leiten, aber andererseits wollen sie dennoch Rücksicht auf die leistungsschwachen Schüler nehmen. Trotz alledem wird der Standard einer Realschule gehalten und die Lehrer versuchen den leistungsschwachen Schülern den Unterricht so gut wie möglich zu vermitteln. Die Ergebnisse der Arbeiten in den Hauptfächern Mathematik, Deutsch und Englisch, bei denen der Notendurchschnitt eher zum ausreichenden Bereich tendiert, spiegelt die Problematik der Klassenzusammensetzung wieder.[8] Die Lehrkräfte sind immer bemüht ein Gleichgewicht bei der Unterrichtsgestaltung herzustellen, so dass der eine Teil der Schüler nicht unterfordert und der andere nicht überfordert wird. Dennoch kommt es vor, dass ein paar Schüler überfordert sind, welches sich dann in einem unruhigen, störenden und unkonzentrierten Verhalten im Unterricht bemerkbar macht. Diese Verhaltensauffälligkeiten resultieren bei einigen Schülern auch aus den familiären Problemen innerhalb der Elternhäuser und/oder der Diagnose von ADS oder ADHS.

Es gibt zwei Schüler in der Klasse, die aufgrund ihrer körperlichen Merkmale besonders in ihren sportlichen Leistungen eingeschränkt sind. xxx nimmt am Sportunterricht sehr aktiv, jedoch nach eigenem Ermessen, teil. Er hat nur eine Niere und muss sich regelmäßig kathetern. xxx trägt beidseitig ein Hörgerät und hat eine Sehschwäche. Er ist im Unterricht oft sehr unmotiviert und sozial problematisch.

Das Sozialgefüge innerhalb der Klasse ist noch ziemlich instabil, da viele besondere Schülercharaktere in der Klasse vorhanden sind, so dass es untereinander immer wieder zu

---

[7] vgl. Absatz 2.1
[8] Basierend auf den Aussagen des Mentors und des Notenspiegels

Streitereien kommt. Hierbei erweist sich der Schüler X[9] als ein sehr schwieriges Kind, das von seinen Mitschülern gemieden wird. Er fällt regelmäßig im Unterricht durch Störversuche und Albernheiten auf. Auch provoziert er immer wieder seine Klassenkameraden verbal oder durch Gesten. Das produktive Lernklima wird ebenfalls gestört, wenn die Schüler B., S., J., E., B. und M. ihre lebhaften Charaktere ausleben und sich nicht an die Klassenregeln halten. Es sind aber auch Schüler in der Klasse wie C., T., M. und S., die sich sehr gut kooperativ beteiligen und die Klassengemeinschaft fördern. Doch einige Schüler entziehen sich auch gerne der sozialen Gemeinschaft. Da die Klasse mit 25 Schülern relativ groß ist, versuchen die Lehrer in angemessenen Situationen durch die Arbeit in Kleingruppen das Sozialgefüge der Klasse zu verbessern und möglichst alle Schüler zu integrieren. Die einzelnen Gruppen lassen sich in reine Mädchen- und Jungengruppen unterteilen, was vermutlich auf das Alter zurückzuführen ist. Zudem herrscht unter den Gruppen keine Selektion der leistungsstarken und leistungsschwachen Schüler vor, d.h. der Anteil der Kinder mit Haupt- und Realschulempfehlungen zeigt innerhalb der Gruppen ein gut gemischtes Verhältnis.[10]

2.2 Soziale Beziehungen der Schüler untereinander

Um die sozialen Beziehungen der Schüler untereinander darstellen zu können, habe ich für die Schüler ein Arbeitsblatt mit folgender Aufgabenstellung erstellt: „Auf der Klassenfahrt wird es 2 -Bett-, 4-Bett- und 6-Bettzimmer geben. Welche Klassenkameraden würdest du mit auf dein Zimmer nehmen?".[11] Mit den daraus resultierenden Ergebnissen habe ich ein Soziogramm in Form einer Tabelle erstellt.[12] Dadurch habe ich feststellen können, dass von den Jungen, L., und von den Mädchen, R. und I., sehr beliebt sind. Auf den vorderen Rangplätzen stehen aber auch J., S. und M. . Für die Wahl eines Klassensprechers stehen S. und M. klar im Vordergrund. Ihnen trauen die Schüler am ehesten organisatorische Aufgaben zu. Als stellvertretende Klassensprecher konnten J. und S. die meisten Stimmen gewinnen. Auffällig bei der Auswertung war jedoch, dass die Schüler, die an dem Tag nicht anwesend waren, auch keine Stimmen erhalten haben. Demnach müssten S. und M. am unbeliebtesten sein. Dennoch nehme ich an, dass diese in Klassengruppen integriert sind und von diesen auch akzeptiert werden. Sie wurden lediglich nicht in Betracht gezogen, da sie am Tag der Erarbeitung des Arbeitsblattes nicht anwesend waren. Lässt man diese beiden Schüler nun außer Betracht, haben J. und A. nur eine

---

[9] Aus Datenschutzgründen hier als Schüler X bezeichnet
[10] vgl. Absatz .2.1
[11] Siehe Arbeitsblatt im Anhang, die Erstellung des Arbeitsblattes erfolgte in Zusammenarbeit mit dem Praktikanten Jens Boneß
[12] Siehe Arbeitsblatt im Anhang, die Erstellung des Arbeitsblattes erfolgte in Zusammenarbeit mit dem Praktikanten Jens Boneß

bzw. keine Stimme erhalten. Dieses Resultat stimmt auch mit meinen Vermutungen, die ich durch die sechswöchige Beobachtungsphase der Klasse gebildet habe, überein. Des Weiteren können durch das Soziogramm die einzelnen Gruppengefüge abgelesen werden, die sich auch durch die Beobachtungen in den Pausen widerspiegelten.

2.3 Zusammenhang zwischen der Zusammensetzung und der Größe der Klasse im Bezug auf die vorhergehend gestellte Frage

Wie bereits im oberen Abschnitt erwähnt, ist das Sozialgefüge innerhalb der Klasse noch ziemlich instabil. Es sind viele besondere Schülercharaktere in der Klasse vorhanden, so dass es untereinander immer wieder zu Streitereien kommt. Es befinden sich aber auch Schüler in der Klasse wie C., T., M. und S., die sich sehr gut kooperativ beteiligen und die Klassengemeinschaft fördern. Doch einige Schüler entziehen sich gerne der sozialen Gemeinschaft. Da die Klasse mit 25 Schülern relativ groß ist, versuchen die Lehrer in angemessenen Situationen durch die Arbeit in Kleingruppen das Sozialgefüge der Klasse zu verbessern und möglichst alle Schüler zu integrieren. Die einzelnen Gruppen lassen sich in reine Mädchen- und Jungengruppen unterteilen. Zudem herrscht unter den Gruppen keine Selektion der leistungsstarken und leistungsschwachen Schüler, d.h. der Anteil der Kinder mit Haupt- und Realschulempfehlungen zeigt innerhalb der Gruppen ein gut gemischtes Verhältnis.

3. Unterrichtsbeobachtung/ Hospitation

3.1 Erstes Hospitationsprotokoll einer Unterrichtsstunde

Hierbei handelt es sich um eine Englischstunde der Klasse 5a von 7.45 bis 8.30 Uhr.

3.1.1 Inhalte und Ziele

Die Unterrichtsstunde setzt sich inhaltlich mit der Zeitform des Present Progressive auseinander. Dabei sollen die Grundprinzipien der Verwendung des Present Progressive vertieft werden. Zu den Feinzielen, die erreicht werden sollen, zählen:

- Sätze im Present Progressive bilden können,

- die einzelnen Bausteine der Zeitbildung nennen können ,

- diese in die richtige Reihenfolge bringen,

- Signalwörter benennen können,

- Schüler sollen wissen, wann die Zeitform angewendet wird

- Satzstellung bzw. Schreibweise des Present Progressives üben.

3.1.2 Methodische Gestaltung[13]

Zunächst begrüßt der Lehrer die Schüler auf Englisch und zeichnet als Unterrichtseinstieg eine Karikatur mit der entsprechenden Aufgabenstellung an die Tafel und gibt damit einen Tafelimpuls. Die Zeichnung zeigt einen Hasen, der Hand in Hand mit einem personifizierten Ei, spazieren geht. Der Lehrer stellt dazu folgende Frage auf Englisch: „What are they doing?". Er gewährt den Schülern ausreichend Zeit zum Nachdenken und gibt ihnen anschließend eine Hilfestellung zur Beantwortung der Frage. Den Schlusssatz, „They are going for a walk!", platziert Herr xxx unterhalb der Karikatur.

In der Hinführungsphase gibt der Lehrer einen stillen Impuls, der in Form einer Überschrift und einer Karikatur, Schüleräußerungen hervorrufen soll. Dieses Mal stellt der Lehrer einen Suppentopf mit der Überschrift „Present Progressive" dar, in dem verschiedene Zutaten schwimmen. Die Zutaten sind in einzelne Bausteine verpackt. Auf dem ersten Stein steht „am, are, is", auf dem zweiten „Verb" und auf dem letzten „-ing". Durch die Methode des Frontalunterrichts und der damit verbundenen Fragestellung des Lehrers, nennen die Schüler die Regeln des Present Progressives. Der Lehrer ergänzt das Tafelbild durch die Signalwörter „NOW, LOOK, at this moment" und den Anwendungsmerksatz: „Es passiert jetzt! (z.B. auf einem Bild)".[14]

In der Erarbeitungsphase gibt es erneut einen Tafelimpuls durch eine Karikatur. Jedoch wird nun eine Wäscheleine, an der Wörter hängen, abgebildet. Die Schüler erhalten einen Arbeitsauftrag in Gestalt einer Einzelarbeit. Sie sollen die Wörter, die an der Tafel stehen, im Heft in die richtige Reihenfolge bringen. Währenddessen schreibt ein Schüler seine Lösungen hinter die Tafel. Der Lehrer geht durch die Klasse und steht den Schülern für Fragen zur Verfügung. Nach der Bearbeitung folgt die Ergebnissicherung. Der Schüler, der hinter der Tafel steht, präsentiert seine Ergebnisse den Mitschülern und liest diese vor. Die Schüler vergleichen ihre Lösungen mit diesen und korrigieren entsprechend dem Tafelbild und unter Umständen ihre eigenen Ergebnisse.

---

[13] Dieser Abschnitt orientiert sich an Meyer, Hilbert: Unterrichtsmethoden, Praxisband 2; 2005, Berlin: Cornelsen. S.96ff.
[14] Schulz, Wolfgang (u.a.): Beobachtung und Analyse von Unterricht;1973, Weinheim: 1973., S. 121.

Im Anschluss daran folgt eine Festigungsphase, in der die Schüler die Ergebnisse der Woorkbookübungen aus der letzten Hausaufgabe vergleichen. Zum Schluss stellt der Lehrer eine neue Hausaufgabe und verabschiedet die Schüler.

3.1.3 Eigene Reflexion

Zurückblickend auf die Unterrichtsstunde von Herrn xxx ist zu erwähnen, dass er in der gesamten Unterrichtszeit immer auf Englisch redet und wenn er merkt, dass die Schüler Verständnisschwierigkeiten haben, übersetzt er die entsprechenden Sachverhalte auf deutsch. Auf diese Weise kann jedes Kind dem Unterricht folgen und sich aktiv beteiligen. Ich finde es für den Englischunterricht überaus wichtig, viel Englisch zu reden, da die Kinder dadurch die Sprache hören und besser verinnerlichen können. Unter diesem Aspekt repräsentiert er auch seine fachliche Kompetenz. Zusätzlich fördert der Lehrer die Sprachkenntnisse der Schüler, indem er die Kinder dazu ermuntert, so oft wie möglich in der Stunde die englische Sprache anzuwenden. Dabei steht er ihnen immer unterstützend zur Seite und korrigiert eventuell auftretende Fehler.

Als Einstiegsmethode wählt der Lehrer eine Karikatur. Dieses Gestaltungskonzept finde ich sehr gut, da Zeichnungen das Interesse und die Neugierde der Schüler wecken. In der Klasse 5a richtet sich der Blick jedes Schülers konzentriert und gespannt zur Tafel. Der Lehrer bringt durch das Bild seine Kreativität zum Vorschein. Die Kinder sind begeistert vom Hasen, der Hand in Hand mit „Mr. Egg" spazieren geht. Mr. Egg wird durch die Gestalt eines personifizierten Eis dargestellt und regt damit auch die Fantasie der Kinder an. Als stummen Impuls fügt er der Abbildung noch eine Fragestellung (s.o.) hinzu. Obwohl sich prompt ein Schüler meldet, nimmt xxx diesen nicht sofort dran, um allen Schülern die Möglichkeit zu geben, über das Gefragte nochmals nachzudenken. Nachdem ein Schüler sein Ergebnis in einer falschen Zeitform nannte, nahm der Lehrer in Zusammenarbeit mit den Schülern die Korrektur des Satzes vor. Zur Ergebnissicherung schreibt er den richtigen Satz unter die Illustration und fordert die Schüler dazu auf, dass alle zusammen den Satz laut vorlesen. Das Tafelbild und das Aufsagen des Ergebnisses dienen der Festigung des Lerninhaltes jedes einzelnen Schülers. Normalerweise ist die Wahl einer Zeichnung in der Einstiegsphase immer sehr gut. Jedoch handelt es sich nun um die erste Stunde des Schulplans, so dass einige Schüler noch einen müden Eindruck machen. Als Alternative hätte ich das sogenannte „Eckenraten" mit englischen Vokabeln bevorzugt. Hierbei treten vier Schüler gegeneinander an. Um möglichst viele Schüler sowohl körperlich, als auch geistig zu fordern, hätte ich zwei Durchgänge gemacht. Dadurch wären zumindest einige Schüler munter geworden, so dass die Basis für einen effektiven Unterricht gegeben wäre.

In der Hinführungsphase wählt Herr xxx erneut eine Karikatur als Tafelimpuls. Die Überschrift der Grafik gibt den Schülern einen Hinweis auf das Tempus. Diese Darstellung verdeutlicht den Kindern nochmals, wie sich das Present Progressive zusammensetzt. Es dient der Wiederholung, so dass das Vorwissen der Schüler in den Unterricht eingebracht und überprüft wird. Die Vorteile, die sich durch ein Bild ergeben, habe ich bereits im oberen Absatz beschrieben. Dennoch muss man beachten, dass diese Vorzüge bei mehrfacher Ausführung der gleichen Methode verblassen und eher das Gegenteil, also Unaufmerksamkeit und Langeweile, auftritt. Jedoch war die Klasse in diesem Fall noch sehr motiviert.

Als nächstes verbindet der Lehrer die Verfahrensweise der Karikatur, mit der des Frontalunterrichts.[15] Durch die Frage nach den Regeln des Present Progressives regt er die Schüler zum Nachdenken an. Die Sicherung wichtiger Lernergebnisse erfolgt durch eine sehr gute Tafelgestaltung. Dabei wird jedes einzelne der Signalwörter, die auf das Tempus aufmerksam machen sollen, durch 3-D- Bausteine hervorgehoben. Zusätzlich wird das Gesamtbild durch den Anwendungssatz, „Es passiert jetzt!", ergänzt. Zusammenfassend betrachtet, ist das Tafelbild sehr kreativ, anschaulich und nachvollziehbar gestaltet und wird den Bedingungen der Festigung und Bewusstmachung gerecht.

In der Erarbeitungsphase gibt der Lehrer erneut einen Tafelimpuls durch eine Karikatur. Hier häuft sich die Methode der Bilddarstellung, so dass die Aufmerksamkeit der Schüler reduziert wird. Diese Aufgabenstellung hätte man besser aus dem Fachbuch auswählen können, um Abwechslung in den Unterricht einzubringen. Der Vorteil der Einzelarbeit ergibt sich daraus, dass jeder Schüler alleine eine Aufgabenstellung erarbeiten muss und dadurch Ruhe in die Klasse eintritt. Des Weiteren dient diese Arbeitsform der individuellen Aufnahme und Übung der Anwendungsregeln des Present Progressives. Außerdem wird dadurch, sowohl die Konzentrationsfähigkeit, als auch das selbständige Arbeiten gefördert.

Abgesehen von der mehrfachen Nutzung der Illustration, verhilft die Aufgabenstellung der Sicherung zum richtigen Ordnen der Satzglieder. Von Bedeutung ist hierbei, dass Herr xxx fragt, ob jemand freiwillig sein Ergebnis an der Tafel präsentieren möchte. Dadurch entsteht kein Zwangsgefühl bei den Schülern und derjenige, der sich dazu bereit erklärt, stärkt sein

---

[15] Mattes, Wolfgang; Methoden für den Unterricht, Schöningh Verlag 2002, S. 26

Selbstbewusstsein. Von weiterem Nutzen ist, dass die Kinder ihr Resultat mit der Aufzeichnung ihres Mitschülers vergleichen und sich entsprechend dazu äußern können. Auffällig während der Erarbeitungsphase ist das Herumlaufen des Lehrers innerhalb der Klasse. Zwar strahlt er dadurch seine Hilfsbereitschaft aus, jedoch führt das Beobachtet werden oftmals zu Verunsicherungen der Kinder. Besser wäre es, sich als Lehrer in der Erarbeitungsphase zurückzuhalten und nur bei auftretenden Fragen zu helfen. Die Klassenraumatmosphäre wird dadurch nämlich ruhiger.

Die Hausaufgabenkontrolle, die ungefähr im letzten Viertel der Stunde stattfindet, finde ich sehr wichtig, denn diese dient erneut der Festigung des Themeninhaltes. Zusätzlich kann das Organisations- und Ordnungsverhalten der Schüler überprüft und gefördert werden. Kurz vor dem Ende der Stunde stört K. den Unterricht. Der Lehrer bittet ihn um Ruhe. Bei einer erneuten Unterrichtsstörung zeigt Herr xxx ein konsequentes Verhalten und verweist ihn auf die Klassenregeln. Diese Ermahnung zeigt bei K. Wirkung, so dass er dem Unterricht wieder aufmerksam folgt. In der Schlussphase stellt der zu Unterrichtende eine neue Hausaufgabe, um die Unterrichtsinhalte dieser Stunde zu üben. Der gut gelungene Schluss zeichnet sich durch die Verabschiedung der Klasse und den kurz darauf folgenden Pausengong aus und beendet endgültig die Stunde.

Zusammenfassend betrachtet zeichnet sich die zu hospitierende Unterrichtsstunde, sowie das Verhalten von Herrn xxx durch folgende Aspekte aus: effektive Ausnutzung der Unterrichtszeit, sehr gute und kreative Tafelgestaltung, Inhalte und Ziele der Stunde wurden vollständig erreicht, alle Kinder wurden aktiv in den Unterricht einbezogen, fachliche Kompetenz ist gewährleistet, der Lehrer geht auf die Schüler individuell ein, gibt verständliche und gute Erklärungen, fördert eigenständiges und aktives Arbeiten der Kinder, deckt falsche Vorstellungen auf, unterstützt Schüler, verbindet aktuelle Alltagsgeschehen mit Unterrichtsinhalt, der Unterricht ist klar und transparent strukturiert (dadurch erleichtert er den Schülern das Lernen und fördert deren aktive Beteiligung).

Fazit: Die Stunde ist gut gelungen. Wichtige Elemente, wie z. B. Zielerreichung, sind umgesetzt worden. Lediglich die Methodenwahl muss überdacht werden, so dass weniger Karikaturen und mehr Einzelarbeiten angewendet werden. Auch die äußeren Umstände der Stunde müssen bedacht werden, d.h. der Lehrer muss damit rechnen, dass die Schüler in der 1. Stunde noch sehr müde und in der 6. Stunde sehr unkonzentriert und aufgedreht sind. Dementsprechend sollte der

Unterricht durch bestimmte Methoden gestaltet werden. Um die Kinder zu motivieren eignen sich Spiele sehr gut und zum Beruhigen kann man auch auf kurze Meditationsübungen zurückgreifen.

3.2 Zweites Hospitationsprotokoll mit Beobachtungsschwerpunkt

3.2.1 Theoretische Erörterung über ein lernförderliches Unterrichtsklima

Ein lernförderliches Unterrichtsklima bezeichnet die Qualität der Interaktion zwischen dem Lehrer und der Schüler in der Unterrichtsstunde, sowie die Beziehung der Schüler untereinander.[16] Das lernförderliche Unterrichtsklima wird nach der Aussage von Dreesmann[17] durch die vielfältigen Interaktionen und unterschiedlichen Einflüsse der „Umwelt" Schule geprägt, denn die gemeinsam erlebten Situationen stärken die Gruppendynamik. Die angenehme Atmosphäre wird durch gegenseitige Rücksichtnahme und Toleranz, eine positive Arbeitshaltung und einen respektvollen und höflichen Umgang charakterisiert. Für die Entstehung dieser Bedingungen muss zunächst ein bestimmtes Lehrerverhalten gegeben sein, welches sich auf das didaktisch-methodische Handeln und eine bestimmte Haltung des Lehrers reduzieren lässt.[18] Diese Erlebnisausschnitte werden zwar individuell erlebt, dennoch werden sie von allen wahrgenommen und lösen eine bestimmte Reaktion aus. Dieser Zusammenhang wird als soziales Klima einer Schulklasse bezeichnet. Das Ziel ist letztendlich eine größere Arbeits- und Lerneffizienz in einer harmonisch funktionierenden Gruppe. Der Begriff „Klima" wird in der Unterrichtsforschung von Withall[19] aufgegriffen. Er bezeichnet „Klima" als die emotionale Akzentuierung der zwischenmenschlichen Beziehungen innerhalb der Schule. Es besteht eine Verbindung zwischen dem Klima und der Berücksichtigung der gegenseitigen Bedürfnisse und Ziele der Schüler im Unterricht. Anderson[20] bezieht sich auf Emotionen, Gefühle, Reaktionen und Belastungen der Schüler und auf die Eigenschaften der Klasse als eine soziale Gruppe. Steele, House & Kerrins[21] definieren "Klima" , als den von den Schülern wahrgenommenen Aspekt der charakteristischen Anforderungen im Unterricht.

---

[16] Hilbert Meyer , Helmut Bülter. Was ist ein lernförderliches Klima?, in: PÄDAGOGIK (Beltz-Verlag), Heft 11/2004
[17] Dreesman, H. (1979). Zusammenhänge zwischen Unterrichtsklima, kognitiven Prozessen bei Schülern und deren Leistungsverhalten. Zeitschrift für empirische Pädagogik, 3,121-133.
[18] Meyer, Hilbert; Merkmale guten Unterrichts; 2003, S. 24 f.
[19]Withall, J.; The development of a rechnique fpr the measurement of social-emotional climate in classroom.,1949 , Journal of Experimental Education, 17, S. 347-361.
[20] Anderson, G.J.; Effects of teacher sex and course content on the social climate of learning. 1971; American Educational Research Journal, 8, S. 649-663.
[21] Steele, J., House, E.R. & Kerrins, T. ; An instrument for assessing instructional climate through low- inference student judgements. 1971; American Educational Research Journal, 8, S. 447-466.

3.2.2 Detaillierte Darstellung der Beobachtung und des Beobachtungsgegenstandes

Meinen Beobachtungsschwerpunkt im Bezug auf ein lernförderliches Klima habe ich anhand einer Mathematikstunde in der Klasse 5a hospitiert. In dieser Stunde spielen die Schüler, jeweils in Vierergruppen, ein Kartenspiel. Dabei lassen sich die Karten in zwei Kategorien unterteilen. Die eine Kartengruppe enthält jeweils eine Aufgabenstellung und die andere die entsprechenden Lösungen. Ziel hierbei ist es, durch gute Zusammenarbeit in kürzester Zeit die passenden Ergebnisse für die Aufgaben zu finden. Die Lehrkraft nennt zunächst kurz die Inhalte und Ziele der Unterrichtsstunde. Durch eine präzise und verständliche Aufgabenstellung leitet er den Unterrichtseinstieg ein und vergewissert sich anhand einer Proberunde, ob die Schüler die Spielregeln verstanden haben. Bei dem Spieldurchgang konnte ich sehr gut beobachten, dass die Gruppen durch die gemeinsame Teamfähigkeit sehr schnell zur Lösung der im Unterricht gestellten Aufgaben gefunden haben. Die sich dadurch auszeichnende positive Arbeitshaltung wird durch gegenseitige Rücksichtnahme und Toleranz ergänzt. Es kommt in den einzelnen Gruppen zu keinen Streitereien durch Unstimmigkeiten. Obwohl es in diesem Spiel um Schnelligkeit geht, nehmen die leistungsstärkeren dennoch Rücksicht auf die leistungs- schwächeren Schüler, indem sie diesen genügend Wartezeit einräumen. Merken sie jedoch, dass ihr Mitschüler Probleme bei der Lösung der Aufgabenstellung hat, geben sie diesem Hilfestellung. Lediglich eine der Jungengruppe fällt aus dem Rahmen. In dieser Vierermannschaft ist ebenfalls ein leistungsschwacher Schüler, der von seinen Mitschülern übergangen wird. Sie binden diesen nicht in das Spielgeschehen ein. Auf die Frage des Schülers: „Warum grenzt ihr mich aus?", ignorieren diese ihn einfach und antworten nicht auf seine Frage. Dieses bemerkt der Lehrer und erklärt den Schülern, dass es sich hierbei um ein Teamspiel handelt und jeder einzelne von ihnen mathematische Fähigkeiten besitzt. Nach dieser Ermahnung des Lehrers integrieren die Schüler den leistungsschwachen Mitspieler wieder ins Unterrichtsgeschehen. Nach etwa zehn Minuten ist die erste Gruppe fertig und vergleicht ihr Ergebnis zusammen mit dem Lehrer. Der Lehrer lobt die Gruppe für ihre tolle Leistung. Nacheinander werden alle Gruppen fertig. Am Ende der Einstiegsphase lobt der Lehrer die gesamte Klasse für die tolle Arbeit und bittet um eine Reflektion über das Spiel und den Spielverlauf. In gemeinschaftlicher Absprache bestimmt die Klasse die Vor- und Nachteile des Würfelspiels und ergänzt bzw. streicht entsprechende Regeln. Im weiteren Verlauf der Unterrichtsstunde nimmt der Lehrer eine klar strukturierte Leitungsposition ein. In Form des

Frontalunterrichts moderiert er den Verlauf und leitet die Schüler zur Beantwortung der Fragestellungen an.

3.2.3 Eigene Reflexion vor dem Hintergrund der Beobachtungsaufgabe

Durch die klare Strukturierung und verständliche Darstellung des Unterrichtsinhaltes in der Einstiegsphase erleichtert der Lehrende den Schülern das Lernen und gibt jedem Schüler dadurch die Möglichkeit sich aktiv am Unterrichtsgeschehen zu beteiligen. Außerdem beugt er Störungen vor, wenn die Schüler eine eindeutige Orientierung der Stunde erhalten. Aufgrund dieser Aspekte ist die Basis für ein lernförderliches Klima gegeben. Die einzelnen Beobachtungsschwerpunkte, wie z. B. gegenseitige Rücksichtnahme und Toleranz, respektvoller und höflicher Umgang und eine positive Arbeitshaltung, werden in dieser Klasse bis auf wenige Ausnahmen vorbildlich umgesetzt. Die Schüler beteiligen sich aktiv am Unterricht und helfen sich gegenseitig während des Spieles. Bei dem Konflikt innerhalb der Jungengruppe stellte einer von ihnen eine Außenseiterrolle dar. Durch die Arbeit mit Hilfe bestimmter Techniken ist der Lehrer in der Lage, die Unterrichtsstörung zu schlichten und sorgt so für eine harmonische Atmosphäre. An diesem Vorfall kann man erkennen, dass eine Klasse erheblichen Druck auf einen einzelnen Schüler ausüben kann, so dass dieser sich verunsichert und ausgegrenzt fühlt. Die pädagogische Konsequenz daraus wäre, die Schüler vor negativen Zuschreibungen zu bewahren und die Schüler auf ihre positiven Eigenschaften aufmerksam zu machen. Das Loben des Lehrers am Ende der Einstiegsphase fördert und stärkt ebenfalls das Gemeinschaftsgefühl. Jedoch ist es hierbei von Bedeutung, dass er die ganze Klasse lobt und nicht nur einzelne bzw. einzelne Gruppen. Denn wenn der Lehrer dafür sorgt, dass die Klasse ein positives Leistungsbild entwickelt, dann hat auch der Einzelne was davon. Durch die Reflektion über das Spiel und entsprechend vorgenommene Veränderungen erhalten die Mitspieler die Möglichkeit mitzubestimmen und können neue Ziele zu ihrer Zufriedenheit formulieren.

Das Lehrerverhalten lässt sich durch eine freundliche, motivierte Ausstrahlung charakterisieren. Der Lehrer strahlt das Interesse und die Begeisterung an seinem Fach aus. Des Weiteren macht er einen stabilen und selbstbewussten Eindruck. Er zeigt den Schülern gegenüber Offenheit, Aufrichtigkeit und Engagement. Das Lehrer-Schülerverhältnis kennzeichnet sich durch einen vertrauensvollen Umgang. Der Lehrer zeigt den Kindern gegenüber Empathie und Einfühlungsvermögen. Er nimmt die Schüler ernst und berücksichtigt ihre Interessen. Das Klassenklima in der 5a wird geprägt durch einen freundlichen Umgangston, wechselseitigen

Respekt, Herzlichkeit, Wärme und eine entspannte Atmosphäre. Es wird gerne in der Klasse gelernt und auch mal gelacht. Es besteht eine Toleranz gegenüber Langsamkeit, eine angemessene Wartezeit auf Schülerantworten und ein konstruktiver, positiver Umgang mit Fehlern, so dass ein angstfreies Lernklima geschaffen wird.[22]

Fazit: Ein positives Unterrichtsklima ist für die Lernleistung jedes einzelnen Schülers von zentraler Bedeutung. Angst vor Misserfolgen oder fehlende gegenseitige Rücksichtnahme führen zu Blockaden oder auch einer zeitweiligen bzw. andauernden Verweigerung der Mitarbeit seitens der Schüler. Das Unterrichtsklima ist ein für die Arbeit in der Schule unverzichtbarer Faktor humanen Lehrens und Lernens. Untersuchungen haben gezeigt, dass sich ein positives Unterrichtsklima leistungsfördernd auswirkt und auch Einfluss auf die Entwicklung der Persönlichkeit nach sich zieht.[23]

3.3 Schüler-Fallstudie

3.3.1 Allgemeine Angaben zum Schüler A[24]
Der Schüler A ist elf Jahre alt. Er wurde in Deutschland geboren, hat aber aus Israel stammende Eltern, welche getrennt voneinander leben. Trotz seiner israelischen Herkunft hat er keinerlei sprachlicher Schwierigkeiten. Letzteres resultiert nicht zuletzt daraus, dass zu Hause nur deutsch gesprochen wird. Seine Hausaufgaben erledigt der Schüler regelmäßig, jedoch nicht immer besonders ordentlich. Seine schulischen Leistungen sind durchgehend als befriedigend zu bewerten.

3.3.2 Das Verhalten des Schülers A im Unterrichtsverlauf
Bereits während der Lehrer die Hausaufgaben durchsieht, gibt der Schüler A undefinierte Laute von sich und läuft durch die Klasse. Die Ermahnungen des Lehrers befolgt er erst nach mehreren Aufforderungen. Auf die Aufforderung des Lehrers hin, im Übungsheft die Seite 56 aufzuschlagen, reagiert er mit mehrmaligen Reinrufen: „Welche Seite, welche Seite?". Des Weiteren stört er permanent seinen Banknachbarn, dem er das Übungsheft wegzuziehen versucht, um Ergebnisse abzuschreiben. Bei der mündlichen Bearbeitung einer Aufgabe, ruft er ohne Meldung bzw. Aufforderung des Lehrers hin und wieder ein Ergebnis in den Raum. Bei der

---

[22] vgl. Meyer, Hilbert; Merkmale guten Unterrichts; 2003, S. 24 f.

[23] vgl. Satow, L.; Unterrichtsklima und Selbstwirksamkeitsdynamik, 2001 ,in Unterrichten, Erziehen

[24] aus Datenschutzgründen wir der zu Beobachtende als Schüler A bezeichnet

gemeinsamen Aussprache bestimmter Englischvokabeln spricht er das Wort besonders laut und albern aus und gestikuliert wild in der Luft herum. Sein Bewegungsdrang und seine Impulsivität äußern sich ebenfalls in seiner Sitzposition. Der Schüler sitzt auf seinem angewinkelten Bein und wippt vor und zurück. Das betroffene Kind quält außerdem fortlaufend seinen Banknachbarn, indem er beispielsweise einen Bleistift in dessen Nacken piekst oder gegen seinen Stuhl tritt. Bei der erneuten Ermahnungen des Lehrers verspricht der Schüler aufzuhören. Während der Bearbeitung eines Arbeitsblattes, steht der Schüler wiederholt auf, um seinen Bleistift am Papierkorb anzuspitzen, wobei er sich länger als erforderlich dort aufhält. Auf dem Rückweg stolpert er absichtlich über den Tornister eines Mitschülers, der umfällt und sich Teile des Inhalts auf dem Boden verteilen. Die Lehrer versucht mit Nicht-Beachtung zu reagieren. Als der Schüler A wieder undefinierte Laute in den Raum ruft, bittet ihn der Lehrer sich vernünftig zu verhalten und den Unterrichtsverlauf nicht zu stören. Kurzzeitig verhält sich der Schüler ordnungsgemäß und verfolgt in Ruhe den Unterricht. Als der Schüler A auf sein zappeliges Melden hin drangenommen wird, um eine Aufgabe an der Tafel lösen zu dürfen, löst er die Aufgabe ordnungsgemäß, hüpft dann aber auf einem Bein und sich einmal um die eigene Achse drehend zu seinem Platz zurück und sagt beim Vorbeihüpfen an einem Mitschüler, er könne das viel besser als er. Am Ende der Stunde rast der Schüler aus der Klasse und spielt alleine auf dem Schulhof an den Turnstangen.

3.3.3 Umstände der Erhebung

Durch Gespräche mit meinem Mentor habe ich erfahren, dass bei dem Schüler A das Aufmerksamkeits-Defizit-Hyperaktivitäts-Syndrom (ADHS) anhand mehrerer Gutachten diagnostiziert wurde. Bei der Beobachtung des Schülers A sind einige der ADHS-typischen Symptome aufgetreten. In der mir zur Verfügung stehenden Literatur werden die Aufmerksamkeitsstörung, die Konzentrationsschwierigkeit und die Impulsivität bzw. Hyperaktivität als die zentralen Anzeichen der Krankheit genannt.[25] Das sich in dem Verhalten des Schülers widerspiegelnde Symptom ist meiner Ansicht nach primär die Impulsivität und Hyperaktivität. Wie aus der Protokollierung seines Verhaltens zu ersehen ist, weist er ein unüberlegtes und unvorhersehbares Handeln auf. Außerdem äußert sich dieses im Vordergrund stehende Merkmal ebenfalls durch sein zusammenhangloses Reden, seine den Unterricht störenden Zwischenrufe und seine spontanen und impulsiven Bewegungen. Seine Impulsivität

---

[25] vgl. Holowenko, Henryk: Das Aufmerksamkeits-Defizit-Syndrom (ADS). Wie Zappelkindern geholfen werden kann, Weinheim und Basel 1999, S. 19

lässt ihn gegen vereinbarte Unterrichtsregeln verstoßen und wirkt sich ebenfalls negativ auf seine Interaktion mit der Lerngruppe aus. Das in vielen Fachliteraturen dargestellte Problem der fehlenden Akzeptanz und das daraus resultierende Problem, Freundschaften innerhalb der Gruppe zu knüpfen, kann zwar nicht beobachtet werden, allerdings sind leichte Züge einer Aggression gegenüber seinen Mitschülern zu erkennen. Diese kann sowohl körperlicher, als auch verbaler Natur sein. Die Züge des aggressiven Verhaltens kommen in der zu beobachtenden Stunde weniger auf als an einigen anderen Tagen. Sehr häufig wird im Zusammenhang mit ADHS auch von Lernschwierigkeiten in fast allen Schulfächern gesprochen. Die Konzentrationsfähigkeit des Schülers A ist von geringer Zeitdauer, welches sich negativ auf seine Leistungen auswirkt. Sowohl selbständiges Lernen als auch die Planung künftiger Aktivitäten bereiten dem Kind große Probleme. Was die Ursachen von ADHS betrifft, stimmen die Forscher noch nicht endgültig überein. Eines gilt jedoch als sicher: ADHS resultiert nicht aus falscher Erziehung, sondern ist eine angeborene Störung der Selbstkontrolle und kann vermutlich auf eine Stoffwechselstörung im Frontalhirn zurückgeführt werden.[26][27]

4. Eigener Unterrichtsversuch

4.1 Rahmenbedingungen [28]

Die Klasse 5b der Realschule xxxschule unterrichte ich im Rahmen eines Schulpraktikums seit etwa fünf Wochen im Fach Mathematik. Sie besteht seit dem Beginn des Schuljahres 2005/2006. In der Klasse befinden sich Schüler aus drei verschiedenen Grundschulen und zwei Wiederholern der xxxschule. Insgesamt zählt die Klasse 25 Schüler, davon sind 13 Jungen und 12 Mädchen. Das Alter der Schüler liegt zwischen 10 und 12 Jahren. Von diesen 25 Schülerinnen und Schülern weisen 2 Schülerinnen und 1 Schüler eine ausländische Herkunft auf. Die Mädchen stammen beide aus Russland und der Junge hat Eltern irländischer Herkunft. Alle drei Schüler sind in Deutschland geboren worden und haben hier in Deutschland engen Kontakt zu deutschen Kindern und weisen demzufolge auch keine Sprachprobleme auf.

Die Klasse ist eine ansprechende und hilfsbereite Lerngruppe. Die meisten Schüler zeigen eine motivierende Arbeitshaltung im Unterricht. Dennoch stellt die Zusammenarbeit mit der Klasse

---

[26] vgl. Spallek, Roswitha: Aufmerksamkeits-Defizit-Syndrom. Ein kurzer Leitfaden zur Diagnostik und
Therapie. Patmos Verlag GmbH & Co. KG, Walter Verlag, Düsseldorf und Zürich 2001, S. 9 ff.
[27] vgl. Knödler, Henning: Problemschüler-Problemfamilien; 1998, Weinheim: Beltz, S. 29 ff.

[28] Basierend auf den Aussagen des Mentors und des Notenspiegels

Schwierigkeiten dar. Der Grund dafür liegt in den unterschiedlichen Leistungsniveaus. Am Anfang des Schuljahres war der Anteil der Schüler mit Gymnasial- und Realschulempfehlungen im Vergleich zu den Kindern mit Hauptschulempfehlungen sehr hoch, so dass ein gutes „Realschulniveau" gehalten werden konnte.[29] Mittlerweile haben viele Kinder zum Gymnasium gewechselt und zwei Wiederholer sind hinzugekommen, so dass fast die Hälfte der Schüler der Klasse 5b Hauptschulempfehlungen haben. Die unterschiedlichen Lernbedingungen muss ich in meinem Unterrichtsversuch berücksichtigen. Trotz alledem werde ich den Standard einer Realschule halten und versuchen, den leistungsschwachen Schülern den Unterricht so gut wie möglich zu vermitteln. Die Ergebnisse der Arbeiten in den Hauptfächern Mathe, Deutsch und Englisch, bei denen der Notendurchschnitt eher zum ausreichenden Bereich tendiert, spiegelt die Problematik der Klassenzusammensetzung wieder.[30] Ich bin bemüht ein Gleichgewicht bei der Unterrichtsgestaltung herzustellen, so dass der eine Teil der Schüler nicht unterfordert und der andere nicht überfordert ist. Einige Schüler sind ständig sehr hibbelig und unkonzentriert. Diese Verhaltensauffälligkeiten resultieren bei einigen Schülern sowohl aus den familiären Problemlagen innerhalb der Elternhäuser, als auch aus der Diagnose von ADS oder ADHS. Rücksicht muss ich vor allem auf Michel nehmen, da dieser beidseitig ein Hörgerät trägt und eine Schschwäche hat. Diese Einschränkungen gilt es in meinem Unterricht mit einzubeziehen, so dass er mich gut verstehen und mein Tafelbild auch gut erkennen kann. Hinzu kommt, dass er im Unterricht oft sehr unmotiviert und sozial problematisch ist. Hinsichtlich dieses Aspektes werde ich ihn aktiv in den Unterrichtsverlauf einbinden, um sein Interesse zu wecken.

Das Sozialgefüge innerhalb der Klasse ist noch ziemlich instabil, da viele besondere Schülercharaktere in der Klasse vorhanden sind, so dass es untereinander immer wieder zu Streitereien kommt. Hierbei erweist sich der Schüler X als sehr schwieriges Kind, der von seinen Mitschülern gemieden wird. Er fällt regelmäßig im Unterricht durch Störversuche und Albernheiten auf. Auch provoziert er immer wieder seine Klassenkameraden verbal oder durch Gesten. Doch einige Schüler entziehen sich gerne der sozialen Gemeinschaft.[31] Das produktive Lernklima wird ebenfalls gestört, wenn die Schüler B., S., J.r, E., B. und M. ihre lebhaften Charaktere ausleben und sich nicht an die Klassenregeln halten. Es sind aber auch Schüler in der Klasse wie C., T., M. und S., die sich sehr gut kooperativ beteiligen und die Klassengemeinschaft

---

[29] vgl. Absatz 2.1
[30] Basierend auf den Aussagen des Mentors und des Notenspiegels
[31] vgl. Absatz 2.2

fördern. Da die Klasse mit 25 Schülern relativ groß ist, versuche ich als Lehrerin in angemessenen Situationen durch die Arbeit in Kleingruppen das Sozialgefüge der Klasse zu verbessern und möglichst alle Schüler zu integrieren.

Das Klassenzimmer der Klasse 5b erweist sich als nicht besonders groß. Einen Sitzkreis in der Mitte des Klassenzimmers zu bilden, ist nur durch das Verschieben sämtlicher Tische möglich. Da ich allerdings in meiner Unterrichtsstunde eine Gruppenarbeit anstrebe, können die Tische paarweise zusammengestellt werden und zwar so, dass sich jeweils 2 Kinder direkt gegenüber sitzen und dadurch eine Vierergruppe bilden. Das Klassenzimmer selbst verfügt natürlich über eine Tafel, darüber hinaus über einen Overhead-Projektor und einen Computer mit Internetanschluss, für den jeder Schüler seine eigenen Zugangsdaten hat.

Es bedarf keiner großen Anstrengung, die Kinder für ein neues Unterrichtsthema zu interessieren, sofern der Unterricht nicht abstrakt und frontal gehalten wird, sondern anschaulich, in Gruppenarbeit und unter Einbeziehung der Kinder. Ein weiterer Motivationsschub zeichnet sich bei den Kindern dadurch aus, dass sie von einer „neuen" Person unterrichtet werden und sich hieraus auch neue Unterrichtsmethoden ergeben.

Zum Vorwissen der Schülerinnen und Schüler ist davon auszugehen, dass gewisse Kenntnisse der Kinder zum Thema Bruchrechnen aus der Alltagserfahrung vorliegen und Brüche teilweise bereits in der 4. Klasse grob behandelt wurden. Ebenfalls wurde durch die Unterrichtseinheit „Teilbarkeit" das Thema „Brüche" bereits vorbereitet. Wie konkret die Vorerfahrungen der Schüler zum Thema Bruchrechnen sind, lässt sich zum jetzigen Zeitpunkt noch nicht sagen, da diese Unterrichtsstunde eine Einführungsstunde in das Thema „Bruchrechnen" darstellt.

4.2 Sachanalyse zum Bruchrechnen

4.2.1 Definition: Bruch

Als Bruch wird der Quotient zweier Zahlen bezeichnet. Er entsteht bei der Teilung eines oder mehrerer Ganzer. Die mathematische Schreibweise ist $\frac{z}{n}$, wobei z, n $\in$ $\mathbb{N}$, n $\neq$ 0. Die Zahl z wird als Zähler bezeichnet, die Zahl n als Nenner. Der Zähler z gibt dabei die Anzahl des geteilten Ganzen an. Der Nenner n gibt an, in wie viele Teile das Ganze zerlegt wird. Die

Abtrennung des Zählers und des Nenners erfolgt mit Hilfe einer horizontalen Linie. Diese Linie wird als Bruchstrich bezeichnet und tritt an die Stelle des Divisionszeichens. [32]

Es gibt verschiedene Arten von Brüchen. Wenn der Zähler eines Bruches größer ist als der Nenner, dann spricht man von einem *echten Bruch*→ $\frac{6}{8}$. Das Gegenteil davon ist der *unechte Bruch*, bei dem der Zähler kleiner ist als der Nenner → $\frac{8}{6}$. Unechte Brüche kann man in gemischte Zahlen umwandeln und umgekehrt. Eine *gemischte Zahl* besteht aus einer ganzen Zahl und einem echten Bruch → $2\frac{2}{3}$. Letztendlich folgt der Stammbruch. Bruchzahlen mit dem Zähler 1 werden als *Stammbrüche* bezeichnet→ $\frac{1}{5}$.

Die Brüche werden zum Zahlensystem der rationalen Zahlen gezählt. Eine Zahl heißt dann rational, wenn man sie als Verhältnis zweier benennbarer ganzer Zahlen a und b ausdrücken kann. Dieses Verhältnis wird durch die Beziehung „a geteilt durch b" (geschrieben a / b) beschrieben. Ist a dabei ein Vielfaches von b, so bedeutet der Term $\frac{a}{b}$ eine ganze Zahl → $\frac{9}{3}=3$. Ist a indes kein Vielfaches von b, so entsteht eine neue Zahl, die Bruchzahl genannt wird. Eine Bruchzahl ist ein Quotient ganzer Zahlen. Die Teilungszahl (Zähler) heißt Dividend, der Teiler Divisor. Beide zusammen bilden einen Quotienten. Das Ergebnis heißt Quotientwert.

Mit der Bildung der Bruchzahlen sind folgende Zahlenmengen verbunden:
1. Die Menge der ganzen Zahlen, die aus den Teilmengen $\mathbb{Z}^+$ der positiven ganzen Zahlen, der Zahl 0 und der Teilmenge $\mathbb{Z}^-$ der negativen ganzen Zahlen besteht.
2. Die Menge B der Bruchzahlen mit ihren Teilmengen B[+] der positiven Bruchzahlen und B[-] der negativen Bruchzahlen.

---

[32] Kammermeyer, Fritz: Mathe Algebra, 1997, Berlin: Cornelsen, S. 41

Die Menge ℚ der rationalen Zahlen ist also die Vereinigungsmenge der Teilmenge ℤ der ganzen Zahlen mit der Teilmenge B der Bruchzahlen. Die Menge ℚ der rationalen Zahlen enthält dabei die Teilmenge ℚ$^+$ der positiven rationalen Zahlen und ℚ$^-$ der negativen rationalen Zahlen. Die Menge ℚ wird wie folgt beschrieben:

$$\mathbb{Q} = \left\{ x \mid x = \frac{a}{b} ; a \in \mathbb{Z}; b \in \mathbb{Z} \setminus \{0\} \right\}$$

In der Menge ℚ sind alle vier Grundrechenarten mit Ausnahme der Division durch Null uneingeschränkt ausführbar. Addition, Subtraktion, Multiplikation und Division sind somit Verknüpfungen in der Menge ℚ. Doppelpunkt und Bruchstrich sind gleichbedeutende Rechenzeichen.[33]

4.3 Lernziele der Unterrichtsstunde

4.3.1 Grobziel der Unterrichtsstunde

Die Schüler sollen an verschiedenen geometrischen Modellen Bruchteile eines Ganzen bestimmen können und dadurch eine Vorstellung von Brüchen gewinnen.[34]

4.3.2 Feinziele der Unterrichtsstunde

Die Schüler sollen:

FZ 1: - erkennen, wo in ihrer Alltagserfahrung Brüche und Bruchteile bereits eine Rolle

       spielen

FZ 2: - eine erste Schreibweise für konkrete Brüche kennen lernen

FZ 3: - eine erste Vorstellung von Brüchen erhalten

FZ 4: - den Zusammenhang von Bruchteil und Bezugsgröße erkennen und lernen,

       dass der Bruchteil der Größe kleiner ist als die Größe selbst

FZ 5: - durch Falten Bruchteile einer Größe herstellen

FZ 6: - einfache Bruchteile einer Größe benennen können

4.4 Methodische Begründungen

Als Unterrichtseinstieg habe ich eine szenische Darstellung gewählt, um den Kindern das Thema Bruchrechnen zugänglich zu machen. Dieser Unterrichtseinstieg soll die Schüler neugierig machen und ihre Aufmerksamkeit auf das zu lösende Problem lenken. Das Interesse der Kinder soll dadurch geweckt werden, indem man ihnen bewusst macht, dass jeder von ihnen mit

---

[33] Kusch, Lothar : Mathematik für Schule und Beruf ; 1973, Schwann-Girardet, Düsseldorf, S. 192ff.

[34] vgl. Rahmenbedingungen für Mathematik, Klasse 5, Sek. 1, Realschule

Brüchen und Bruchteilen im Alltagsleben zu tun hat. Sie erhalten durch die Vorführung die Möglichkeit, ihr Vorwissen und ihre Vorerfahrungen zum Thema Bruchrechnen in Erinnerung zu rufen und entsprechend anzuwenden. Der bereits bekannte Umgang mit Brüchen im Alltagsleben wird nun durch zentrale Aspekte des neuen Themas erweitert.[35] Ich habe mich für diese Einstiegsmöglichkeit[36] entschieden, da ich die Verknüpfung von Mathematik und täglichem Leben als sehr nützlich erachte. Die Kinder erkennen hieraus, dass Mathematik keine abgehobene Wissenschaft ist, sondern ein Bestandteil ihres Lebens. Da bei der szenischen Darstellung nur vier Schüler aktiv das Unterrichtsgeschehen leiten, spreche ich zur Benennung der einzelnen Bruchanteile der Schokolade die gesamte Klasse an, so dass sich jeder am Unterrichtsgespräch beteiligen kann. Zur Verinnerlichung und Festigung schreibe ich das Thema an die Tafel.

Ich informiere die Schüler durch einen kurzen Lehrervortrag über das zu behandelnde Stundenthema und den weiteren Unterrichtsverlauf, um dadurch eine Orientierung zu geben. Durch die Aufforderung an die Schüler, noch mehr Beispiele für Brüche aus ihren Alltagserfahrungen zu nennen, integriere ich diese aktiv ins Unterrichtsgeschehen ein und motiviere sie. Zur Ergebnissicherung schreibe ich ihre genannten Lösungen an die Tafel. Im Anschluss daran wähle ich die methodische Gestaltung des Frontalunterrichts[37]. Die klassische Form hierbei ist der Lehrervortrag, welcher sich besonders dazu eignet, um die ganze Klasse über grundlegende Aspekte der Brüche und ihre Darstellung zu informieren. Auf diese Weise kann ich den Schülern den Wissensstoff direkt vermitteln und bilde damit die Basis für die eigenständigen und weiterführenden Arbeitsaufträge.[38] Ich gebe die Tafelimpulse „Ein-Drittel, Ein-Viertel, Ein-Achtel", damit die Schüler die aus meinem Vortrag erworbenen Kenntnisse anwenden. Durch die im Unterricht vorgenommene Tafelarbeit können die Schüler die Aufgabenstellungen und die entsprechenden Ergebnisse visualisieren. Zusätzlich dient sie als Lernhilfe für Übungen.[39] Die Bearbeitung des Arbeitsblattes (Nr.1) erfolgt durch die Sozialform der Klassenarbeit. Hierdurch werden alle Schüler in den Unterricht einbezogen und es erfolgt eine gemeinsame Erarbeitung des Arbeitsprozesses. Hierbei kommt es darauf an, gemeinsam eine Aufgabenstellung zu bearbeiten und sich ggfs. gegenseitig zu helfen, so dass der Klassenzusammenhalt gestärkt wird. Die weiteren Arbeitsblätter (Nr.2 bis 6) lasse ich in 3er- bzw. 4er-Gruppen bearbeiten. In dieser Phase müssen die Schüler ihre Eigenverantwortung und Kooperationsfähigkeit unter Beweis

---

[35] Meyer, Hilbert: Unterrichtsmethoden 2: Praxisband; 1994, Franfurt am Main: Cornelsen, S. 122

[36] Bönsch, Manfred; Unterrichtsmethoden- kreativ und vielfältig, 2002, Hohengehren: Schneider, S. 23 ff.

[37] Schnitzer, Albert: Schwerpunkt: Schülerorientierter Unterricht; 1976, München: Oldenbourg, S.23

[38] Gudjons, Herbert: Frontalunterricht – neu entdeckt; 2003, Bad Heilbrunn/ Obb.: Klinkhardt, S.166

[39] Ebd. S. 172

stellen. Jeder einzelne Schüler kann innerhalb der Gruppe Aufgaben übernehmen, die ihm am Besten liegen, um so ein höheres Maß an Selbstvertrauen zu entwickeln. Die neu erworbenen theoretischen Kenntnisse können nun praktisch angewendet werden. Die Schüler eignen sich durch Kommunikation untereinander Wissen an und trainieren soziale Fähigkeiten wie Teamgeist, Rücksichtnahme und Toleranz. Außerdem können in dieser Phase die Leistungsstarken die Leistungsschwächeren bei Verständnisschwierigkeiten helfen.[40]

4.5 Verlaufsplanung

Phase/ Zeit	Geplantes Lehrerverhalten	Erwartetes Schülerverhalten	Sozialform/ Handlungsmuster	Medien
Einstieg 5 Min.	Lehrer (L.) begrüßt die Schüler (S.), wählt 4 Schüler für szenische Darstellung aus u. erklärt Aufgabenstellung. L. gibt Impuls u. schreibt Ergebnis an die Tafel.	- 1 Schüler verteilt Schokolade gerecht an 3 Mitschüler u. erklärt seine Vorgehensweise. - Andere Schüler verfolgen szenische Darstellung. - S. nennen einzelne Bruchanteile .	Szenische Darstellung, Unterrichtsgespräch	Tafel
Hinführung 10 Min.	L. informiert kurz über den Stundeninhalt u. schreibt Thema an die Tafel.	S. hören (hoffentlich interessiert) zu.	Frontalunterricht mit: - Lehrervortrag, - Schüleräußerungen, - Tafelarbeit.	Tafel,
	L. fordert S. auf weitere Beispiele für Brüche aus ihren Alltagserfahrungen zu nennen, schreibt Nennungen der S. an die Tafel u. erklärt anhand eines Beispieles die Schreibweise von Brüchen, z. B. $\frac{1}{2}$.	S. S. Nennen Beispiele aus ihren Alltagserfahrungen, wie z. B. Beim Einkaufen (Ein halbes Brot).		Tafel,
	L. gibt Tafelimpuls: Ein-Drittel, Ein-Viertel, Ein-Achtel.	S. schreiben die verschiedenen Brüche an die Tafel: $\frac{1}{3}, \frac{1}{4}, \frac{1}{8}$.		Tafel,
	L. erklärt anhand der vorher gefundenen Brüche den Begriff Bruchteile.	S. hören (hoffentlich konzentriert) zu.		Folie.
Erarbeitung 7 Min.	L. verteilt Arbeitsblatt 1 u. erläutert Arbeitsauftrag. L. gibt Impulse, erläutert u. ergänzt ggfs. Antworten der S. u. schreibt die Ergebnis an die Tafel	S. stellen ggfs. Verständnisfragen u. bearbeiten die Aufgabe. S. melden sich freiwillig, nennen Lösungen und vergleichen/ korrigieren ihre Ergebnisse.	Klassenarbeit Frontalunterricht mit: - Lehrervortrag, - Schüleräußerungen, - Tafelarbeit.	Arbeits- blatt 1 Tafel.

---

[40] Mattes, Wolfgang: Methoden für den Unterricht; 2002, Schöningh: Paderborn; S. 32

Anwendung 13 Min.	L. gibt die Anweisung 3er- bzw. 4er-Gruppen zu bilden, teilt die Arbeitsblätter 2 bis 6 und erklärt den Arbeitsauftrag.	S. bilden 3er-/ 4er-Gruppen, stellen ggfs. Verständnisfragen u. bearbeiten die Aufgabenblätter.	Gruppenunterricht mit: -Schülerdiskussion, -mathematischer Aufgabenbearbeitung, Sitzordnung ändern	Arbeits- blätter 2 bis 6
Ergebnis- sicherung 4 Min.	L. bespricht mit S. Die Ergebnisse der einzelnen Arbeitsblätter (2 bis 6)	Verschiedene S. Stellen freiwillig ihre Lösungen vor.	Frontalunterricht mit: - Lehrervortrag, - Schüleräußerungen, - Tafelarbeit.	Arbeits- blätter 2 bis 6, Tafel
Schluss 3 Min.	L. verteilt Arbeitsblatt 7 als Hausaufgabe und erklärt die Aufgaben	S. nehmen Aufgabenblatt 7 u. gehen die Aufgaben zus. mit dem L. durch u. stellen ggfs. Verständnisfragen	Lehrervortrag	Arbeits- blatt 7

4.6 Durchführung

Ich beginne den Unterricht damit, dass ich den Kindern einen guten Morgen wünsche.

Anschließend wähle ich vier Kinder für eine szenische Darstellung aus. Diese stellen sich vor der

Tafel auf. Dabei übergebe ich einer Schülerin einen Schokoladenriegel und erkläre ihr, dass sie

diesen gerecht unter ihren drei Mitschülern aufteilen soll, so dass jeder den gleichen Anteil vom

Ganzen erhält. Zusätzlich soll sie ihre Vorgehensweise erläutern. Die Schülerin antwortet, dass

sie die Tafel in drei gleich große Stücke teilen muss, damit jeder gleich viel hat. Sie bricht drei

gleich große Stücke vom Riegel ab und verteilt diese an die drei Mitschüler. Daraufhin stelle ich

an die gesamte Klasse die Frage, wie man die einzelnen Anteile nennt. Es folgen keine

Meldungen der Schüler. Also formuliere ich die Frage wie folgt um: „Wie könnte man die Stücke

als Bruch darstellen?". Ein Schüler antwortet daraufhin: „Jedes Stück ist 1/3.".

Anschließend schreibe ich das Thema „Brüche" an die Tafel und erkläre den Kindern, dass mit

der heutigen Stunde ein neues Unterrichtsthema beginnt, nämlich das Bruchrechnen, und dass ich

heute mit der Benennung und Erarbeitung von Bruchteilen beginnen möchte, welche sie

sicherlich aus dem vergangenen Schuljahr oder aus der Alltagserfahrung schon kennen. Ich greife

direkt das aus der szenischen Darstellung gewählte Beispiel, mit der gerechten Aufteilung des

Schokoriegels, heraus und fordere sie dazu auf, herauszufinden, wo uns Bruchteile im täglichen

Leben noch begegnen. Die Nennungen der Schüler werden von mir an die Tafel geschrieben. Ein

von den Schülern genanntes Beispiel wird dann aufgegriffen, um die Umsetzung der genannten

Bruchteile in einer mathematischen Schreibweise zu verdeutlichen. Ich erkläre ihnen, dass der

verbale Ausdruck „ein halbes Brot" durch den mathematischen Ausdruck „$\frac{1}{2}$ Brot" ersetzt wird.

Die Kinder werden von mir aufgefordert, nach diesem Muster die Ausdrücke „ein-Drittel", „ein-Viertel" und „ein-Achtel" mathematisch darzustellen. Auch diese Ergebnisse werden an die Tafel geschrieben. Im weiteren Verlauf erkläre ich, dass die an der Tafel stehenden Brüche so genannte Bruchteile eines Ganzen darstellen, da sie einen bestimmten Teil von einer Gesamtmenge repräsentieren. Um diesen Zusammenhang zwischen Bruchteil und einer dazugehörigen Gesamtmenge zu verdeutlichen, zeige ich auf dem Overhead-Projektor eine Folie[41] an. Anschließend wird das Aufgabenblatt 1[42] ausgeteilt, welches ich gemeinsam mit den Schülern bearbeite. Hierbei handelt es sich um eine runde Papierfläche, die als Pizza interpretiert werden soll. Die Schüler überlegen, wie sie diese Pizza in vier gleich große Teile teilen können.

Zusammen mit den Schülern finde ich heraus, dass diese Teilung durch das horizontale und vertikale Falten der Mitten des Papierkreises erreicht wird. Durch die Deckungsgleichheit der einzelnen Teilstücke erkennen die Schüler, dass alle vier Teile gleich groß sind. Wird nun der gefaltete Papierkreis wieder auseinandergefaltet, werden die 4 einzelnen Teilstücke des Kreises durch die Faltstellen deutlich. Der ganze Kreis wurde also in vier gleichgroße Teilstücke zerlegt. Ich erkläre den Schülern anhand des Papierkreises, dass jedes Teilstück genau ¼ des Kreises repräsentiert. Außerdem erläutere ich, dass die einzelnen Teilstücke addiert werden können, dass also ¼ und noch ¼ zusammen 2/4 ergeben. 2/4 sind aber gleichbedeutend mit ½, wie sich aus dem gefalteten Kreis unschwer ersehen lässt. Die Einzelschritte schreibe ich an die Tafel. Dadurch wird verdeutlicht, dass verschiedene Brüche durchaus denselben Bruchanteil angeben können. In der Anwendungsphase teile ich durch das Abzählen in 3er-Schritten Gruppen ein. Die so gemeinsam erarbeiteten Kenntnisse zu den Bruchteilen, dem Erstellen von Bruchteilen, dem Erkennen und Benennen von Bruchteilen soll in Gruppenarbeit von den Schülern mit Hilfe der Aufgabenblätter 2 bis 6[43] wiederholt und gefestigt werden. Ich teile die Aufgabenblätter aus, wobei jede Gruppe jedes Aufgabenblatt nur einmal erhält. Die Gruppen ermitteln und benennen gemeinsam die Bruchteile mittels Falten und Einfärben. Nach zehn Minuten unterbreche ich den Arbeitsprozess und fordere die Gruppen dazu auf, ihre Ergebnisse vorzustellen. Dabei stellt jeweils ein Schüler seine Lösung zu einem Aufgabenblatt freiwillig vor und die Klasse vergleicht ihre Ergebnisse und korrigiert entsprechend. Ich selbst halte mich bei der Besprechung weitestgehend zurück. Ich moderiere das Unterrichtsgespräch und korrigiere falsche Ergebnisse, sofern eine solche Korrektur nicht von der Klasse selbst erfolgt. Danach sollen die Schüler

---

[41] Siehe Folie 1 im Anhang
[42] Siehe Arbeitsblatt 1 im Anhang
[43] Siehe Arbeitsblätter 2 bis 6 im Anhang

schildern, ob sie Schwierigkeiten bei den Aufgaben hatten. Eine Lernzielsicherung wird sechs Minuten vor dem Unterrichtsende durch die Besprechung der Aufgabenblätter 2 bis 6 erreicht. Eine zweite Sicherung erfolgt durch das Aufgabenblatt 7[44], das als Hausaufgabe aufgegeben wird. Dieses wiederholt noch einmal die Übungen aus den Aufgabenblättern 2 bis 6.

4.7 Auswertung mit kritischer Stellungnahme

Die Unterrichtsstunde konnte weitestgehend der Planung entsprechend umgesetzt werden, so dass alle festgelegten Lernziele erreicht wurden.

Die szenische Darstellung hat sehr gut geklappt. Die Kinder waren sehr begeistert, als ich ihnen von der Inszenierung berichtete. Bis auf wenige Ausnahmen wollte jeder Schüler bei der Darbietung mitwirken, so dass ich mich für vier von ihnen entscheiden musste. Auch bei der Durchführung hat die Schülerin das erwartete bzw. gewünschte Verhalten umgesetzt. Die gesamte Klasse war neugierig auf das Geschehen vor der Tafel und sah gespannt der Vorgehensweise der Mitschülerin zu. Als die Vorführung beendet war, trat Unruhe in die Klasse ein, da einige Schüler mehrfach fragten, ob sie den Schokoriegel haben könnten. Durch mehrmaliges Ermahnen konnte ich dann zum Stundeninhalt überleiten. Ich hätte statt einer Süßigkeit besser einen anderen Gegenstand wählen sollen, um derartige Störungen zu vermeiden.

Die Frage in der Einstiegsphase, wie man die einzelnen Anteile nennt, hätte ich gleich zu Beginn anders formulieren müssen. Denn nun musste ich die Frage in umgeänderter Form nochmals stellen. Doppelfragen sind didaktisch jedoch nicht ratsam, da diese bei den Kindern zu Verwirrungen führen können. Auf die neu formulierte Fragestellung, wie man die Stücke als Bruch darstellt, erhielt ich dann mehrere Meldungen und auch die korrekte Antwort.

In der Hinführungsphase sollten die Schüler Beispiele für Brüche aus ihren Alltagserfahrungen nennen. Dabei waren die Schüler so aktiv, dass wir sehr viele Beispiele gefunden haben und es schwierig war, sie in ihrem Ideenfluss zu stoppen. Es hat mich aber überaus gefreut, dass sie so motiviert mitgearbeitet haben. Bei meinem Vortrag über die Schreibweise von Brüchen, haben die Schüler interessiert zugehört und konnten das Wissen aus diesem Beitrag anschließend auf den vorgegebenen Tafelimpuls (ein-Drittel, ein-Viertel, ein-Achtel) anwenden. Daraus lässt sich erschließen, dass ich ihnen den Unterrichtsinhalt gut und verständlich vermitteln konnte. Bei dem nächsten Lehrervortrag wurde ich besonders durch das Verhalten des Schülers A[45] herausgefordert. Dieser unterbrach den Unterricht durch Streitereien mit seinem Banknachbarn.

---

[44] Siehe Arbeitsblatt 7 im Anhang
[45] vgl. 2.3 Eine Schüler-Fallstudie

Da ich diesen Schüler bereits für die Schüler-Fallstudie intensiv beobachtet habe, weiss ich, dass dieses Verhalten auf die Diagnose von ADHS zurückzuführen ist und dieses nichts mit meiner Unterrichtsqualität zu tun hat. Wäre mein Unterricht zu langweilig gewesen, hätten die anderen Schüler auch ein unruhiges Verhalten gezeigt. Dieses war jedoch nicht der Fall. Ganz im Gegenteil, ich hatte das Gefühl, dass sie mir gerne zuhörten. Dieses lässt sich nicht nur auf die Qualität des Inhaltes beziehen, sondern auch auf die Umstände, dass ich eine neue Rolle in ihrem Schulalltag einnehme und dadurch auch neue Methoden darlege. Schließlich hat jeder Lehrer seine individuellen Unterrichtsmethoden. Nach mehrmaligen Ermahnungen des Schülers A bemühte er sich ruhig zu werden, so dass im weiteren Unterrichtsverlauf eine angenehmere Arbeitsatmosphäre vorherrschte. Ich nehme an, dass den Kindern die Arbeitsaufträge und Unterrichtsmaterialien gefielen, da sie eine große Lernbereitschaft aufzeigten. Die Bearbeitung der Folie[46] fiel den meisten Schüler sehr leicht, da sie hierbei das vorher erarbeitete Wissen anwenden konnten. Bei den Arbeitsblättern sollten sie durch das Ausschneiden und Einfärben des Kreises auch praktisch tätig werden, was ihnen sehr viel Freude bereitete. Die Klassenarbeit hat durch ihre Leistungsbereitschaft sehr gut geklappt und hat nicht nur mir, sondern auch ihnen sehr viel Spaß gemacht. Jedoch hat diese Phase mehr Zeit eingenommen als ich gedacht hätte. Durch diesen Zeitverzug musste ich letztendlich die anschließende Gruppenarbeit unterbrechen, so dass viele Gruppen nur die Arbeitsblätter 2 bis 5 erledigen konnten. Das vorzeitige Beenden war jedoch notwendig, um eine ausreichende Ergebnissicherung und einen guten Schluss vornehmen zu können. Im Nachhinein betrachtet, wäre die Bearbeitung der gesamten Arbeitsblätter zu uninteressant geworden, da sich die Aufgaben sehr stark ähneln. Diese Aspekte hätten mir bereits während meiner Planungen auffallen müssen.

Die Schüler haben durch diese Unterrichtsstunde nun eine sinntragende Vorstellungen von Brüchen und Einsicht in ihren Aufbau und ihre Darstellung. Demzufolge wurde eine Basis entwickelt, die den nächsten Lernschritt der Bruchrechnung ermöglicht. Abschließend soll noch einmal hervorgehoben werden, dass bis auf die eine Unterrichtsstörung des Schülers A ein angenehmes Lernklima in der Klasse herrschte und die Schüler sich in einer angemessenen Form am Unterricht beteiligten. Die Unterrichtsstunde kann nur in Kombination mit einer Lernbereitschaft der Schüler erfolgreich und effektiv durchgeführt werden.

---

[46] Siehe Folie 1 im Anhang

Durch meine Beobachtungen der Unterrichtsstunden der verschiedenen Lehrkräfte und nun auch durch meine eigenen Unterrichtserfahrungen kann ich sagen, dass durch eine gute Methodenvielfalt und Kreativität die jüngeren Kinder sehr schnell zu begeistern sind. Dieses setzt demnach immer eine gutdurchdachte und detaillierte Unterrichtsplanung voraus. Letztendlich bin ich ganz zufrieden mit meiner Unterrichtsstunde, was mir durch die Resonanz der Schüler und des betreuenden Lehrers auch bestätigt wurde.

4.8 Gespräch bzw. Auswertung mit dem Mentor

Die Lehrperson war sehr zufrieden mit meinem Unterricht.

Folgendes positive und negative Aspekte hat sie mir genannt:

Positive Aspekte	Negative Aspekte
· Praxisbezug · tolles Tafelbild · Sprachverhalten: Schülerniveau, aber auch als Vorbild · klare Aufgabenstellung · gutes Maß an Lob · freundliche und ruhe Atmosphäre · Impulsgebung · anschaulicher Lehrervortrag · fachliches Wissen (Fachkompetenz) · Tempo und Lautstärke gut · selbstbewusste Darstellung · immer Einbeziehen von mehreren Meldungen Achten auf lautes Sprechen bei den Schülern · selbst hibbelige Kinder sind konzentriert bei der Arbeit	· Material: Arbeitsblätter und Folien zu viel · Arbeitsplatz zu dunkel = Licht einschalten! · Gruppenarbeit nicht nach Planung beendet

5. Auswertung des Praktikums/ Resümee

5.1 Meine Rolle als Lehrerin

Während meiner Praktikumszeit habe ich feststellen können, dass sich der Beruf des Lehrers in viele Teilgebiete selektieren lässt. Mit den Tätigkeiten dieser Berufsgruppe verbindet man in erster Linie das Unterrichten, doch es gehört viel mehr zu diesem Arbeitsfeld. Ein Lehrer muss neben dem Unterrichten auch organisieren, diagnostizieren, bewerten, verwalten, evaluieren, erziehen und beraten. Im Vordergrund des Berufs steht immer der Aspekt „Erziehung", denn gerade an den Schulen nimmt die pädagogische Arbeit an Bedeutung zu.

Um ein guter Lehrer zu sein, muss ich als Grundvoraussetzung eine selbstbewusste und stabile Persönlichkeit haben. Dieses ist ein entscheidender Faktor, um eine Respektsperson und zugleich ein Vorbild für die Schüler darzustellen. Wichtig ist auch, dass ich die Schüler zur eigenständigen Erarbeitung anleiten kann, denn die Basis jeden Lernprozesses ist die eigenständige Schüleraktivität und fördert sowohl ihre Selbständigkeit als auch die Beibehaltung der Unterrichtsinhalte. Hierbei ist es wichtig, falsche Vorstellungen aufzudecken, damit nur die richtigen Denkweisen verinnerlicht werden. Ich möchte innerhalb einer Klasse mein Interesse und meine Begeisterung an meinen Fächern ausstrahlen und Freude am Lehren haben, denn diese Begeisterung wirkt sich auch ansteckend und motivierend auf die Schüler aus. Für einen guten Unterricht muss ich den Schülern auch gewisse Freiheiten ermöglichen, um vielfältige und kreative Ergebnisse der Klasse zu erhalten. Meine Rolle als Lehrer einer Klasse nimmt dabei auch eine unterstützende Funktion ein. Wichtig ist aber, dass ich in allem, was ich tue, konsequent bleibe, damit die Schüler ihre Grenzen kennen. In diesem Berufsfeld sind die fachwissenschaftlichen Kompetenzen von ausschlaggebender Bedeutung, denn nur Lehrkräfte, die fachlich fit sind, können Sachverhalte klären, akzentuieren und Problemlösungsstrategien entwickeln und diese den Schülern verständlich vermitteln. Um immer auf dem laufenden Stand der fachwissenschaftlichen Didaktik zu bleiben, fungiere ich auch als Lernender, indem ich mich zu Fortbildungen bereit erkläre. Ich sollte eine forschende Einstellung gegenüber meiner eigenen Tätigkeit einnehmen und immer großes Interesse an meiner Weiterbildung zeigen. Des Weiteren sollte ich mich als Lehrer mit den Kenntnissen der Schülervorstellungen und deren Denkstrukturen, sowie Ahnung von ihrer Alltagswelt haben. Die Sicht aus der Schülerperspektive und die Wahrnehmung der Denkwege von Schülern ist wichtig für die Unterrichtsgestaltung und dem damit zusammenhängendem Lernerfolg. Ebenso versuche ich die Allgemeinbildung der Schüler, über die ein Lehrer ebenfalls verfügen muss, durch aktuelle Bezüge auf die Lebenswelt zu erweitern, denn dadurch wird nicht nur ihr Interesse, sondern auch ihre Kompetenzen zu Transferleistungen gefördert. Als Lehrer muss ich mit persönlichen Alltagserfahrungen der Schüler, vor allem bei der Identitätsbildung und der sich verändernden Körper der Jugendlichen, umgehen können. Der Unterricht muss klar und transparent strukturiert sein, um den Schülern das Lernen zu erleichtern und dadurch deren aktive Beteiligung zu fördern. Dazu zählt auch die Lernzeit effektiv zu nutzen. Kreativität bei der Unterrichtsgestaltung kann faszinieren und begeistern und wirkt dadurch lernfördernd. Demnach muss ich über eine Methodenkompetenz verfügen. Wenn der Unterrichtsverlauf sich nicht so entwickelt, wie man es geplant hat, muss man spontan und flexibel auf die Unterrichtsgestaltung reagieren können. Im Bezug auf mein Lehrerverhalten sollte ich den Schülern gegenüber Empathie und Einfühlungsvermögen zeigen, sie ernst nehmen und ihre Interessen berücksichtigen, so dass eine kooperative Arbeit zwischen mir als Lehrerin und den Schülern entsteht. Neben der Fähigkeit zu unterrichten, muss ich auch ein Organisationstalent haben und mit Kollegen kooperieren können. Zu den weiteren Aufgaben gehören Regeln aufstellen (zusammen mit den Schülern), Vorbeugung und Regulierung von abweichendem Schülerverhalten und Vermeidung bzw. Intervention von Störungen im Unterricht. Um mit der Belastungssituation im Beruf des Lehrers zurecht zu kommen, sollte man auch eine gute Portion Humor haben. Ausschlaggebend war für mich, festzustellen, ob mir die pädagogische Arbeit mit den Kindern und Jugendlichen überhaupt liegt, denn oftmals stellt man sich den Umgang mit dieser Altersgruppe einfacher vor, als es in Wirklichkeit ist. Nun habe ich durch das Praktikum endlich die Gewissheit, dass mir der Beruf der Lehrerin wirklich Spaß macht. Ich konnte mich im Bezug auf meine Lehrfähigkeiten von meinem Mentor bestätigen lassen. Überraschend war für mich, dass alle Schüler mich gleich zu Beginn als Respektsperson akzeptierten. Sogar die älteren Jugendlichen haben mich ernst genommen. Dem sah ich vor Beginn des Praktikums skeptisch entgegen, da ich zum einen nicht wesentlich älter bin als die Schüler der höheren Klassen und dementsprechend auch nicht wesentlich Erwachsener aussehe. Durch Gespräche mit meinem Mentor sind wir zu dem Entschluss gekommen, dass ich durch mein gepflegtes und adäquates äußeres Erscheinungsbild, meine sichere Körperhaltung und meine fachliche Kompetenz die Anerkennung der Schüler gewinnen konnte. Wichtig war es für mich auch zu beobachten, wie die erfahrenen Lehrer den Unterricht vermitteln und ob diese ihren Unterricht nicht nur fachlich korrekt, sondern auch motiviert zum Ausdruck bringen. Glücklicherweise konnte ich an der xxxschule mehrere Unterrichtsstunden verschiedener Lehrer verfolgen und habe so unterschiedliche Unterrichtsmethoden kennen gelernt. Ich habe nun Näheres über den Beruf des Lehrers erfahren, unter anderem welche Aufgaben, außer dem Unterrichten, noch zur Lehrertätigkeit zählen. Schließlich waren meinerseits die ersten Unterrichtsversuche von großem Interesse und ich kann im Nachhinein sagen, dass es ein tolles Gefühl ist, alleine vor der Klasse zu stehen, eigenständig Unterricht vorzubereiten und eigenverantwortlich für diesen zu sein. Meine persönlichen Erfahrungen beim Unterrichten meiner Schwerpunktfächer Mathematik und Designpädagogik haben mir jedoch gezeigt, dass man viel sicherer und gelassener unterrichten kann, wenn man die fachwissenschaftlichen Kenntnisse gut beherrscht. Hingegen fühlte ich mich bei Fächern, mit denen ich mich weder im

Studium, noch in meiner Freizeit auseinandersetze, trotz guter Unterrichtsvorbereitung, leicht verunsichert. Meine Unterrichtsversuche sind recht gut gelungen. Die Kinder und Jugendlichen haben mir weitestgehend aufmerksam zugehört und aktiv mitgearbeitet. Wichtig war für mich, dass ich den Schülern den Unterrichtsstoff gut vermitteln konnte, so dass die Unterrichtsziele erreicht und von den Schülern auch beherrscht wurden. Das Gelingen meiner Unterrichtsstunde wurde mir von meinen Betreuern auch bestätigt.

An der Realschule L. habe ich feststellen können, dass es noch viele motivierte Lehrer gibt. Sogar Lehrer, die kurz vor ihrer Pensionierung stehen, haben einen sehr engagierten Eindruck vermittelt und schaffen dadurch die Basis für einen guten Unterricht. Trotzdem muss man auch feststellen, dass die Arbeit an einer Schule nicht immer leicht ist. Lehrer sind vielen Belastungen ausgesetzt, mit denen sie sich auch über die regulären Arbeitszeiten hinaus beschäftigen müssen.

5.2 Beurteilung der institutionelle Rahmenbedingungen

Die xxxschule ist erst seit dem Jahr 2004 eine Realschule. Vor der Umstrukturierung war sie eine Orientierungsstufe. Zunächst startete die neue Realschule im Jahr 2004 mit den Klassen fünf, sechs und sieben. Mittlerweile werden bereits Achte Klassen unterrichtet. Die Schule wird noch im Sommer diesen Jahres um die Klasse neun und im nächsten Jahr um die Klasse zehn erweitert. Die Einrichtung ist somit noch im Aufbau. Die Raumsituation soll, nach Auskunft von Landrat xxx, in den kommenden Jahren den Erfordernissen einer Realschule angepasst werden. Dafür müssen vor allem für die aufsteigenden Jahrgänge noch weitere Fachunterrichtsräume geschaffen werden.

Der bauliche Erhalt der Schule ist in einem relativ gutem Zustand, welches sich auch in den Klassenzimmern widerspiegelt. Jeder Klassenraum ist mit dem notwendigen Mobiliar ausgestattet, welches einen akzeptablen Zustand aufweist. Jeder Raum verfügt über einen Computer mit Internetanschluss, sowie einen Overhead-Projektor. Für die Erweiterung der Klassenräume wurde vor einigen Jahren ein Pavillon errichtet, in dem sich die zwei fünften Klassen befinden. Die Größe der Klassenräume ist so aufgeteilt, dass das Mobiliar den gesamten Raum der Klasse einnimmt und kein Freiraum für Stuhlkreise o. ä. vorhanden ist. Nur durch umständliches Verschieben der Tische und Stühle, welches sehr viel Unterrichtszeit in Anspruch nimmt, können solche Aktivitäten vollzogen werden. Diese Problematik lässt sich auf alle Klassenräume und Fachräume übertragen. Lediglich die Aula bietet ein ausreichendes Raumvolumen. Die Ausstattung für die naturwissenschaftlichen Fachbereiche der Physik und

Biologie wurde neu angeschafft. Die Schule verfügt über weitere Fachräume, dazu zählen der Kunstraum, der Bereich für textiles Gestalten, der Werkraum, der Computerraum und die Aula, in der sich zahlreiche Musikinstrumente befinden. Außerdem steht den Kindern und Jugendlichen eine Schulbücherei zur Verfügung, die in nächster Zeit vergrößert wird.

Auf dem Innenhof der Schule können sich die Kinder und Jugendlichen an Klettergerüsten, Turnstangen und mehreren Tischtennisplatten vergnügen. Sowohl im Innen- als auch im Außenhof stehen den Schülern zahlreiche Sitzmöglichkeiten zur Verfügung, wobei eine davon im Außenhof durch die kreisrunde Anordnung speziell für Sitzkreise im Freien genutzt werden kann. Zusätzlich gibt es eine Ausgabe von Spielzeugen, welche von Schülern in den Pausen geleitet wird. Ein großer Bewegungsradius wird durch den großen Basketball- und Fußballplatz auf dem Außengelände geboten. Dort befinden sich auch die Turnhalle und die anliegende fünfzig Meter lange Laufbahn. Der Bereich der Pausenhalle ist hingegen in keinem guten Zustand. Hier befinden sich undichte Stellen im Dach, so dass die Decken und Wände teilweise durchnässt sind. Die Fenster in diesem Trakt lassen sich nicht öffnen, demzufolge kann dort nicht gelüftet werden. Des Weiteren existieren in diesem Bereich keine Heizungen, so dass im Winter eine eisige Kälte vorherrscht. Hier erhalten die Schüler nach Belieben die Möglichkeit, sich in den Pausen ein Milch- oder Fruchtsaftgetränk günstig zu kaufen. Für die Getränkeausgabe ist der Hausmeister Herr xxx zuständig. Die Toiletten sind, in Anbetracht einer Schultoilette, in einem hygienisch und technisch einwandfreien Zustand und fallen durch einen originellen farbigen Wandanstrich (orange und rot) positiv auf. Für ausreichend Toilettenpapier und Seife sorgt der Hausmeister. Auffällig ist jedoch, dass typische Kritzeleien der Schüler nur auf den Mädchentoiletten an den Türen und Wänden vorhanden sind. Bei den Jungen hingegen findet man diese nicht vor.

Die RS xxxschule wird ihrem Schulkonzept gerecht. Sie veranstalten des Öfteren außerunterrichtliche schulische Aktionen. Allein in meiner sechswöchigen Praktikumszeit fand ein Handballturnier für alle Klassen statt. Des Weiteren wurde der Verkauf von Kuchen geplant, um von den Einnahmen Klassenfahrten zu vergünstigen. Ebenso sind Schüleraustauschprogramme mit Partnerschulen gerade im Aufbau.

5.3 Erkenntnisleitende Ausblicke auch im Hinblick auf das weitere Studium

Hinblickend auf mein Studium muss ich feststellen, dass man sich innerhalb der wissenschaftlichen Ausbildung nur mit fachlichen Lerninhalten beschäftigt und aufgrund dieser Tatsache den Beruf des Lehrers hauptsächlich mit dem Unterrichten in Zusammenhang stellt. Natürlich sind die fachlichen Kenntnisse Voraussetzung für diesen Beruf, doch es gibt weitere Aufgaben und Kompetenzen, über die ein Lehrer verfügen muss, die allerdings im Studium in den Hintergrund rücken. In der Schule hingegen sind die pädagogischen Kenntnisse von entscheidender Bedeutung. Aufgabe eines Lehrers ist es unter anderem, die Kinder und Jugendlichen zu eigenverantwortlichen, selbstständigen und gesellschaftsfähigen Individuen zu erziehen, doch die Handlungsmethoden für ein angemessenes, pädagogisches Verhalten werden durch das Studium vernachlässigt. Lediglich die Praktika in den Schulen geben den Studenten die einzige Möglichkeit, sich mit diesen Aufgaben praktisch vertraut zu machen. Ich denke, das Studium sollte vielmehr auf diese grundlegenden Aspekte eingehen. Sicherlich sollen die praktischen Fähigkeiten im Referendariat ausgebaut werden, doch auch hier springt man ins kalte Wasser. Deshalb wäre es wünschenswert, wenn das Studium schulpraxisorientierter sein würde, so dass die Studenten z. B. in Lehrveranstaltungen üben, wie Unterrichtsmethoden für das selbstständige Lernen konkret eingesetzt werden, um die Methodenkompetenz der Studenten zu schulen. Außerdem fehlt mir in meinem bisherigen Studium der Hinweis auf die richtige Umsetzung von Unterrichtseinheiten im Bezug auf die Planung, Durchführung und Auswertung. Während des Praktikums musste ich mich selbstständig mit Hilfe entsprechender Fachliteratur und den Anmerkungen meiner Mentoren in die formalen Rahmenbedingungen einer Unterrichtsplanung einarbeiten. Dementsprechend sollte den Akademikern die Fähigkeit zur klaren Strukturierung der Unterrichtsfächer vermittelt werden. Man könnte beispielsweise fachdidaktische Lehrveranstaltungen zu „Methoden" und zu „Schülervorstellungen" mit begleitenden Hospitationen im Schulunterricht durchführen oder lernen, wie komplizierte Sachverhalte fachlich richtig zu vereinfachen sind. Ein weiterer Vorschlag wäre, dass man in den Vorlesungen Beziehungen zwischen Alltagsvorstellungen und Fachthemen herstellt, um daraus dann Konsequenzen für den späteren Unterricht zu ziehen. Schlussfolgernd vermittelt das Studium lediglich die Fachkompetenzen. Die Praktika sind von zu kurzer Zeitdauer, um ausreichende Erfahrungen im Bezug auf praktische Handlungskompetenzen zu erwerben. Nach diesem Praktikum habe ich die Bestätigung erhalten, dass ich die richtige Wahl im Bezug auf meinen Berufswunsch getroffen habe. Ich habe gemerkt, dass mir der Schulalltag, das

Unterrichten und der Umgang mit den Kindern und Jugendlichen Spaß macht und habe jetzt die Gewissheit, dass für mich Richtige zu tun. Ich freue mich darauf, in baldiger Zeit hauptberuflich unterrichten zu dürfen. Die durch die praxisorientierte Arbeit erhaltene Motivation überträgt sich auch auf mein weiteres Studium. Denn nun kann ich genau einschätzen, wofür ich studiere und warum ich die Studieninhalte beherrschen muss. Natürlich war mir dieses im Großen und Ganzen auch vor dem Praktikum bewusst, doch nun habe ich die Sicherheit, dass mir der Beruf wirklich liegt.

Mit meinem Praktikum an der xxxschule bin ich rückblickend sehr zufrieden. Ich hatte einen äußerst engagierten und kompetenten Mentor, der mich und den Praktikanten xxx sehr unterstützt hat. Für das Fach Mathematik wurden wir ebenfalls sehr freundlich und hilfsbereit betreut und unterstützt. Die Mentoren standen uns tatkräftig zur Seite. Auch die anderen Lehrkräfte sowie der Schulleiter nahmen uns sehr freundlich auf, so dass wir uns in der Einrichtung sehr wohl fühlten. Die Beobachtungen der zwei Lehrkräfte haben es uns ermöglicht, den gesamten pädagogischen Aufgaben- und Tätigkeitsbereich des Lehrers zu erschließen. Durch die Hilfestellung der beiden Mentoren konnten wir das Berufsfeld und den pädagogischen Interaktions- und Handlungsraum von Schule und Unterricht differenziert wahrzunehmen.

6. Literaturverzeichnis

6.1 Literatur

- Kretschmer, Horst: Schulpraktikum,1998, Berlin: Cornelsen.
- Meyer, Hilbert: Unterrichtsmethoden, Theorieband 1; 2003, Berlin: Cornelsen.
- Meyer, Hilbert: Unterrichtsmethoden, Praxisband 2; 1994, Berlin: Cornelsen.
- Rekus, Jürgen: Die Realschule, 1999 München: Juventa.
- Mattes, Wolfgang; Methoden für den Unterricht, 2002, Paderborn: Schöningh Verlag.
- Bönsch, Manfred; Unterrichtsmethoden- kreativ und vielfältig, 2002, Hohengehren: Schneider
- Schnitzer, Albert: Schwerpunkt: Schülerorientierter Unterricht; 1976, München: Oldenbourg.
- Meyer, Hilbert,Bülter, Helmut: Was ist ein lernförderliches Klima?, in: PÄDAGOGIK (Beltz-Verlag), Heft 11/2004.
- Schulz, Wolfgang (u.a.): Beobachtung und Analyse von Unterricht;1973, Weinheim: 1973.
- Knödler, Henning: Problemschüler-Problemfamilien; 1998, Weinheim: Beltz.
- Dreesman, H.: Zusammenhänge zwischen Unterrichtsklima, kognitiven Prozessen bei Schülern und deren Leistungsverhalten; 1997, Zeitschrift für empirische Pädagogik 3
- Meyer, Hilbert; Merkmale guten Unterrichts; 2003, Berlin: Cornelsen.
- Withall, J.; The development of a rechnique for the measurement of social-emotional climate in classroom. 1949 , Journal of Experimental Education 17
- Anderson, G.J.; Effects of teacher sex and course content on the social climate of learning. 1971; American Educational Research Journal
- Steele, J., House, E.R. & Kerrins, T. ; An instrument for assessing instructional climate through low- inference student judgements. 1971; American Educational Research Journal
- Satow, L.; Unterrichtsklima und Selbstwirksamkeitsdynamik, 2001 ,in: Unterrichten, Erziehen
- Holowenko, Henryk: Das Aufmerksamkeits-Defizit-Syndrom (ADS). Wie Zappelkindern geholfen werden kann; 1999 ,Weinheim und Basel, Beltz.

- Spallek, Roswitha: Aufmerksamkeits-Defizit-Syndrom. Ein kurzer Leitfaden zur Diagnostik und Therapie; 2001 Patmos Verlag GmbH & Co. KG, Walter Verlag, Düsseldorf und Zürich.
- Kammermeyer, Fritz: Mathe Algebra; 1997, Berlin: Cornelsen.
- Kusch, Lothar : Mathematik für Schule und Beruf ; 1973, Schwann-Girardet, Düsseldorf.
- Gudjons, Herbert: Frontalunterricht – neu entdeckt; 2003, Bad Heilbrunn/ Obb.: Klinkhardt.
- Rahmenbedingungen für Mathematik, Klasse 5, Sek. 1, Realschule

6.2 Internet

- http://www.landkreis-leer.de/
- http://www.presse-service.de/static/57/570765.html
- http://nibis.ni.schule.de/~moerken/klassen.html
- http://www.sign-project.de/9_36.php
- http://www.etwinning.de/etwinning/index.php

7.Anhang

Fragebogen für ein Soziogramm

Vorname: _____

Nachname: _____

Klasse: _____

Auf einer Klassenfahrt wird es 2-Bett, 4-Bett und 6-Bettzimmer geben.
Mit welchen Klassenkameraden aus der 5b wärst du gerne zusammen in einem Zimmer ?

Im 2-Bettzimmer: _____ und _____

Im 4-Bettzimmer: _____ und _____ und

_____ und _____

Im 6-Bettzimmer: _____ und _____ und

_____ und _____

_____ und _____

Wenn du jetzt einen Klassensprecher für die 5b wählen müsstest, wem würdest du deine Stimme geben?

_____

Und welchen Mitschüler würdest du als stellvertretenden Klassensprecher wählen?

_____

Vielen Dank!